Kammrätsel

1. Berechne im Kopf: $\sqrt[3]{64}$

2. Wie nennt man den Körper rechts?

3. Kürzeste Verbindung zwischen zwei Punkten.

4. Die beiden Figuren rechts sind zueinander …

5. Gesucht ist der Fachbegriff für „Wurzelziehen".

6. So nennt man den Graphen einer quadratischen Funktion.

7. Für welchen Wert von x wird der Term $(x - 5)^2 + 3$ minimal?

8. Wie nennt man in einem rechtwinkligen Dreieck die Seite gegenüber dem rechten Winkel?

9. Besonderer Kreis, um rechtwinklige Dreiecke zu zeichnen.

10. So heißt das Verhältnis von Gegenkathete zu Ankathete im rechtwinkligen Dreieck.

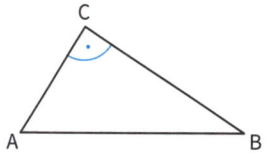

(Ä = AE; Ö = OE; Ü = UE)

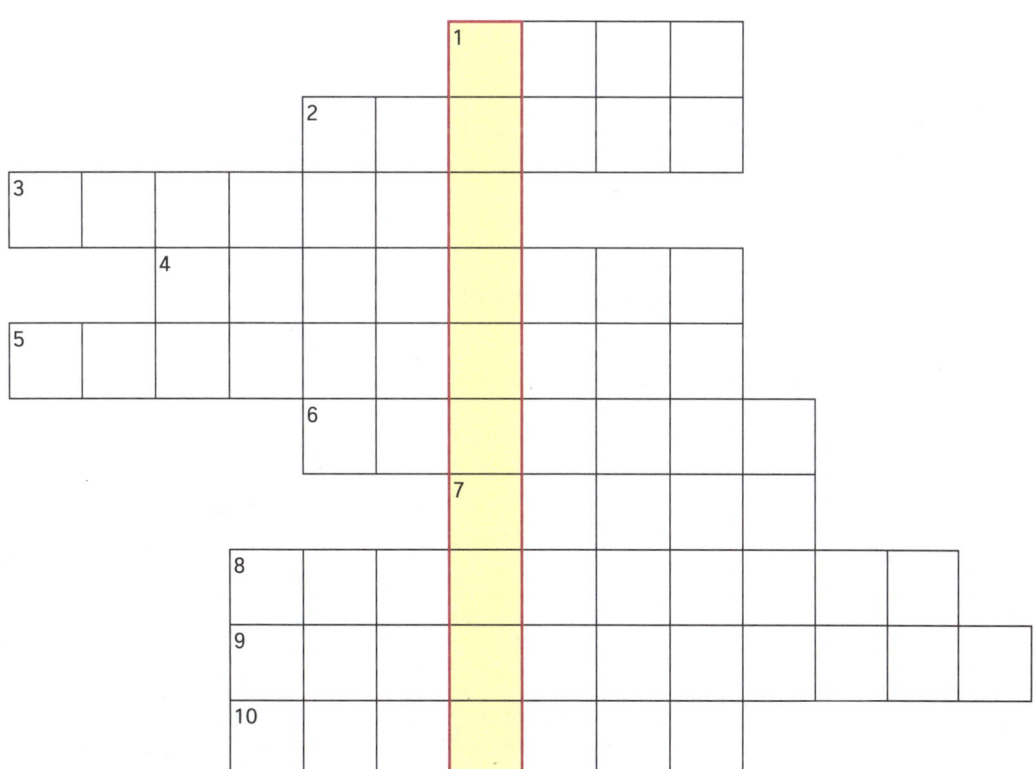

Für dein Abschlussjahr wünschen wir dir _____!

Hinweis zum Arbeiten mit dem Arbeitsheft:

In der Regel sollte der Platz für deine Rechnungen im Arbeitsheft ausreichen. Zuweilen ist es aber ratsam, ein zusätzliches Blatt zu benutzen, auf dem du zum Beispiel Nebenrechnungen durchführen oder Skizzen anfertigen kannst. An einigen Stellen haben wir hierauf noch einmal extra hingewiesen.

Die Schwierigkeit der Aufgabe erkennst du an der Farbe der Aufgabennummer: Grundlegende Aufgaben haben keine Kennzeichnung, anspruchsvolle Aufgaben sind blau und Aufgaben erhöhter Schwierigkeit rot gekennzeichnet.

Wenn die Angabe der Grund- oder Definitionsmenge fehlt, ist immer die größtmögliche gemeint.

Nun wünschen wir dir viel Erfolg beim Arbeiten mit dem Arbeitsheft!

1. Trigonometrie

Berechnungen in rechtwinkligen Dreiecken – Grundlagen

1. Färbe die Katheten blau und die Hypotenuse rot. Berechne dann die fehlende Seitenlänge.

a)
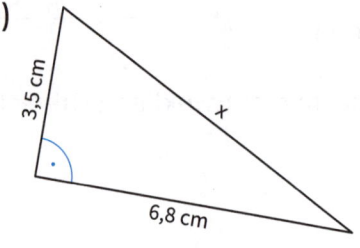

b)
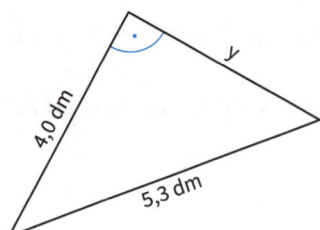

c)
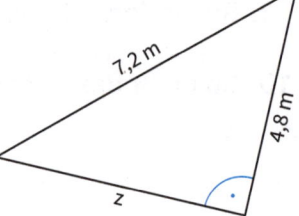

x = _____   y = _____   z = _____

2. Berechne die fehlenden Seitenlängen und Winkelmaße.

a)
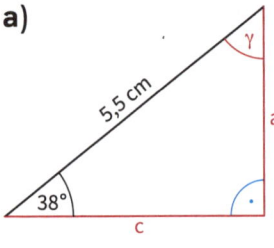

b)
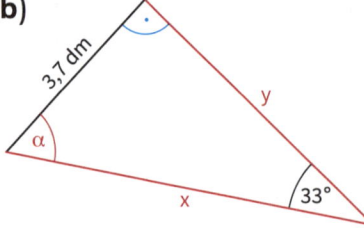

c)
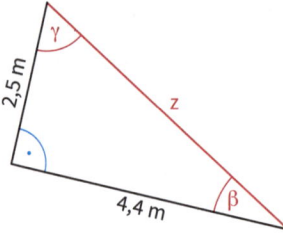

3. a) Berechne die Länge der Strecke $\overline{PQ}$ mit P (−5 | −2) und Q (10 | 6).

b) Berechne den Betrag des Vektors $\vec{v} = \begin{pmatrix} -5 \\ 12 \end{pmatrix}$.

4. Bei Anlegeleitern hängt die Standsicherheit entscheidend vom Anstellwinkel ab. Lehnt die Leiter zu flach an der Wand, kann sie wegrutschen; lehnt sie zu steil, kann sie nach hinten wegkippen. Empfohlen wird ein Anstellwinkel von 65° bis 75°.
Berechne für die empfohlenen Grenzen, in welcher Höhe an der Wand eine 10 m lange Leiter anliegt und wie weit sie dann am Boden von der Wand entfernt ist.

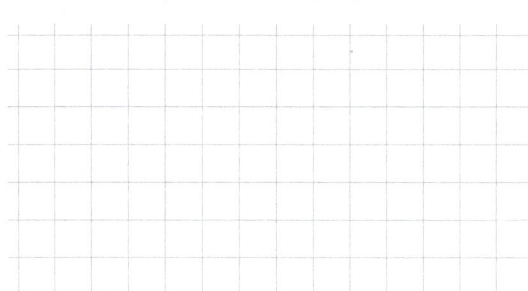

65° – 75°

5. Anna möchte wissen, wie weit es „bis zum Horizont" ist, also wie weit sie auf das offene Meer hinaussehen kann, wenn sie am Strand mit ihren Füßen gerade so im Wasser steht. Nimm an, dass Anna 1,60 m groß und die Erde eine Kugel mit dem Radius 6 370 km ist.

6.

In welcher Höhe h ist der Maibaum abgeknickt?

Berechnungen in allgemeinen Dreiecken – Sinussatz

1. Stelle eine Gleichung nach dem Sinussatz auf, um die rot markierte Größe aus den anderen benannten Größen berechnen zu können.

a)

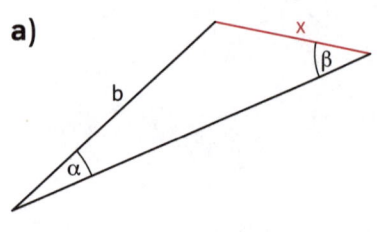

b)

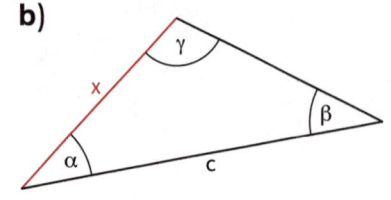

c)

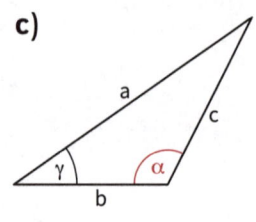

$$\frac{x}{\rule{2cm}{0.4pt}} = \frac{}{\rule{2cm}{0.4pt}}$$

$$x =$$

2. Von einem Dreieck ABC sind gegeben b = 7,5 cm; α = 76,8°; β = 40,3°.
Beschrifte die Skizze und berechne das fehlende Winkelmaß sowie die anderen Seitenlängen des Dreiecks.

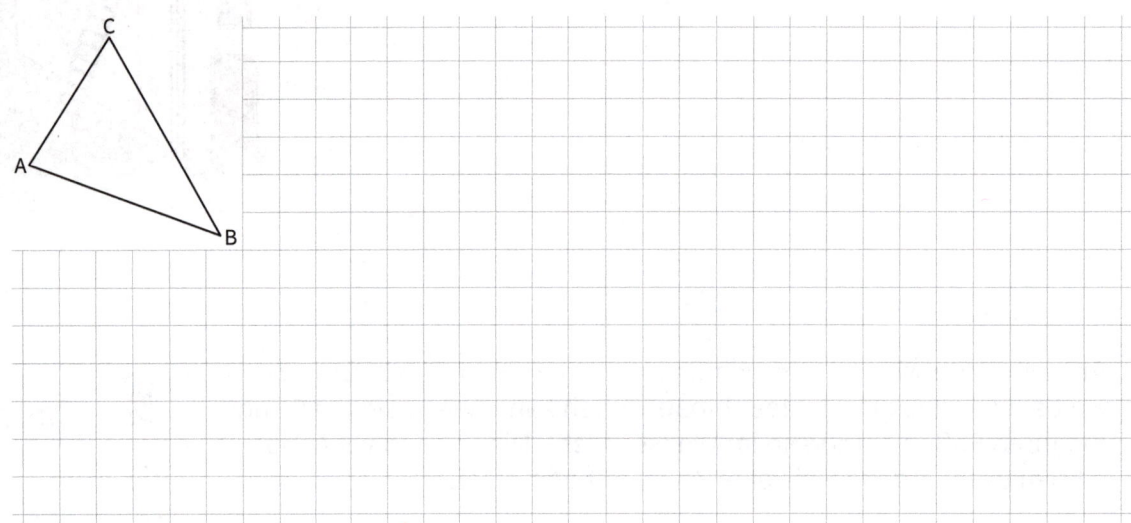

3. Für das Dreieck PQR gilt: $|\overline{QR}|$ = 14,2 cm; ∢RQP = 105,3°; ∢QPR = 44,8°.
Zeichne eine Skizze des Dreiecks und berechne die Längen der Seiten $\overline{PQ}$ und $\overline{PR}$.

4. Von der Küste aus wurde ein vorgelagerter Fels angepeilt.
Berechne die Entfernung vom Vermessungspunkt P zum Fels F.

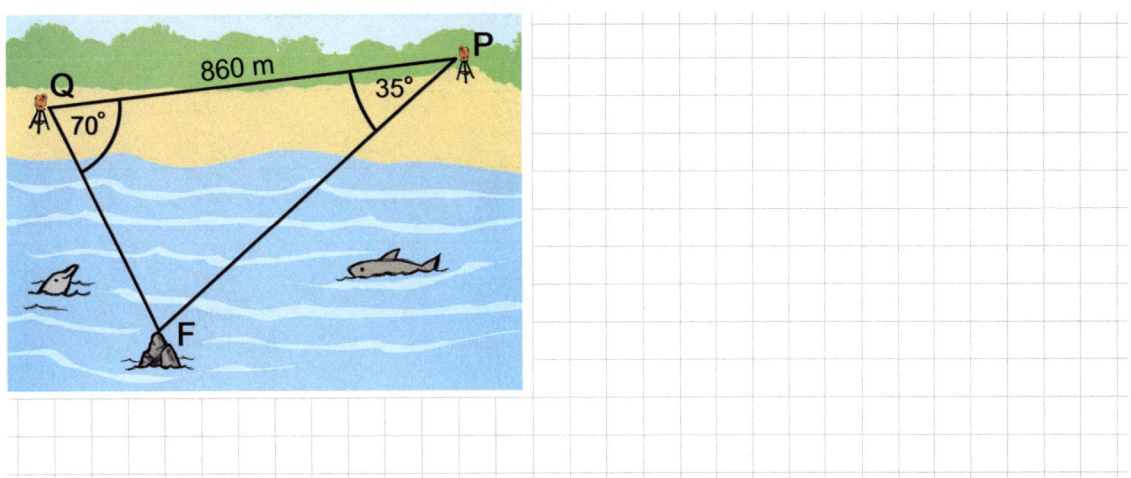

5. Die erste exakte Landvermessung in Bayern wurde
1801 von Kurfürst Maximilian IV. in Auftrag gegeben.
Diese wurde mithilfe der so genannten „Triangulation"
durchgeführt. Dabei wurde zunächst die Länge der
Basislinie von Unterföhring nach Aufkirchen gemessen
und anschließend ganz Bayern in genau vermessene
Dreiecke eingeteilt. Mit einem Winkelmessgerät, einem
„Theodoliten", wurden dabei die Winkel bestimmt.
Bei einer Messung wurde der Abstand zwischen zwei
Festpunkten P und Q mit 7850 m ermittelt, sowie
folgende Winkel zu einem dritten Punkt S gemessen:
∢PQS = 48,3° und ∢SPQ = 73,6°.
Erstelle eine Skizze und berechne $|\overline{PS}|$ und $|\overline{QS}|$.

6. Berechne die Länge der Luftlinie zwischen Gipfel G und Hütte H.

Berechnungen in allgemeinen Dreiecken – Kosinussatz

1. Stelle für das Dreieck KLM alle Gleichungen gemäß des Kosinussatzes auf.

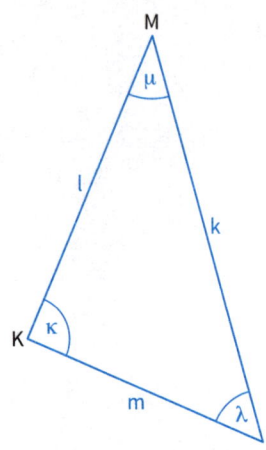

$k^2 = m^2 + \underline{\hspace{2cm}} - 2 \cdot \underline{\hspace{1.5cm}} \cdot \underline{\hspace{1cm}} \cdot \cos \underline{\hspace{1.5cm}}$

$l^2 = \underline{\hspace{1.5cm}} + \underline{\hspace{1.5cm}} - \underline{\hspace{1cm}} \cdot \underline{\hspace{1cm}} \cdot \underline{\hspace{1cm}} \cdot \underline{\hspace{2.5cm}}$

$m^2 = \underline{\hspace{6cm}}$

$\cos \kappa = \dfrac{\underline{\hspace{0.5cm}} + \underline{\hspace{0.5cm}} - k^2}{2 \cdot \underline{\hspace{0.5cm}} \cdot \underline{\hspace{0.5cm}}}$

$\cos \lambda = \dfrac{\underline{\hspace{0.5cm}} + \underline{\hspace{0.5cm}} - \underline{\hspace{0.5cm}}}{\underline{\hspace{0.5cm}} \cdot \underline{\hspace{0.5cm}}}$

$\cos \mu = \underline{\hspace{3cm}}$

κ	kappa
λ	lambda
μ	my

2. Stelle eine Gleichung nach dem Kosinussatz auf, um die rot markierte Größe aus den anderen benannten Größen berechnen zu können.

a)

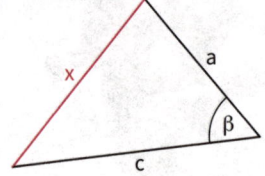

$x = \sqrt{\underline{\hspace{0.5cm}}^2 + \underline{\hspace{0.5cm}}^2 - 2 \cdot \underline{\hspace{2cm}}}$

b)

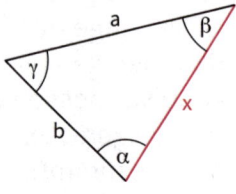

$x = \underline{\hspace{3cm}}$

c)

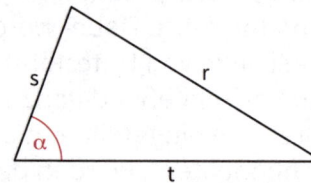

$\cos \alpha = \underline{\hspace{3cm}}$

3. Von einem Dreieck ABC sind gegeben a = 11,0 cm; c = 16,2 cm; β = 37,8°. Beschrifte die Skizze und berechne die fehlende Seitenlänge sowie die Winkelmaße des Dreiecks.

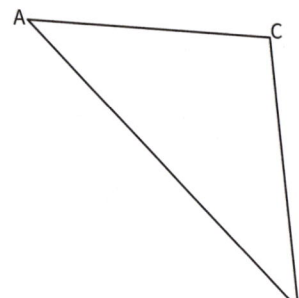

4. Die Küstenwache hat in der Station S die Notsignale eines Seglers in A empfangen. Sie alarmiert ein Rettungsboot, das nur einige Seemeilen entfernt in B ankert. Die Vermessung durch die Küstenwache ergibt: $|\overline{AS}| = 6{,}5$ sm; $|\overline{BS}| = 7{,}8$ sm; $\sphericalangle$ ASB $= 94{,}8°$. Wie viel km sind die Boote voneinander entfernt?

1,0 sm = 1,852 km

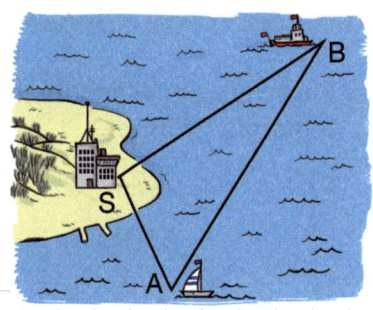

5. Vom Olympiaberg in München kann man bei gutem Wetter den Gipfel der 93 km Luftlinie entfernten Zugspitze und den 62 km Luftlinie entfernten Gipfel des Wendelsteins erkennen. Die Gipfel von Zugspitze und Wendelstein sind 83 km Luftlinie voneinander entfernt.
Berechne das Maß des festgelegten Schwenkwinkels eines Panoramafernrohrs, wenn genau dieser Bereich betrachten werden kann.

6. Berechne die Maße der drei Innenwinkel α, β und γ des Dreiecks ABC.

Berechnen des Flächeninhalts eines Dreiecks mit trigonometrischen Mitteln

1. Berechne den Flächeninhalt des Dreiecks ABC. Berechne, falls erforderlich, zuvor fehlende Größen.

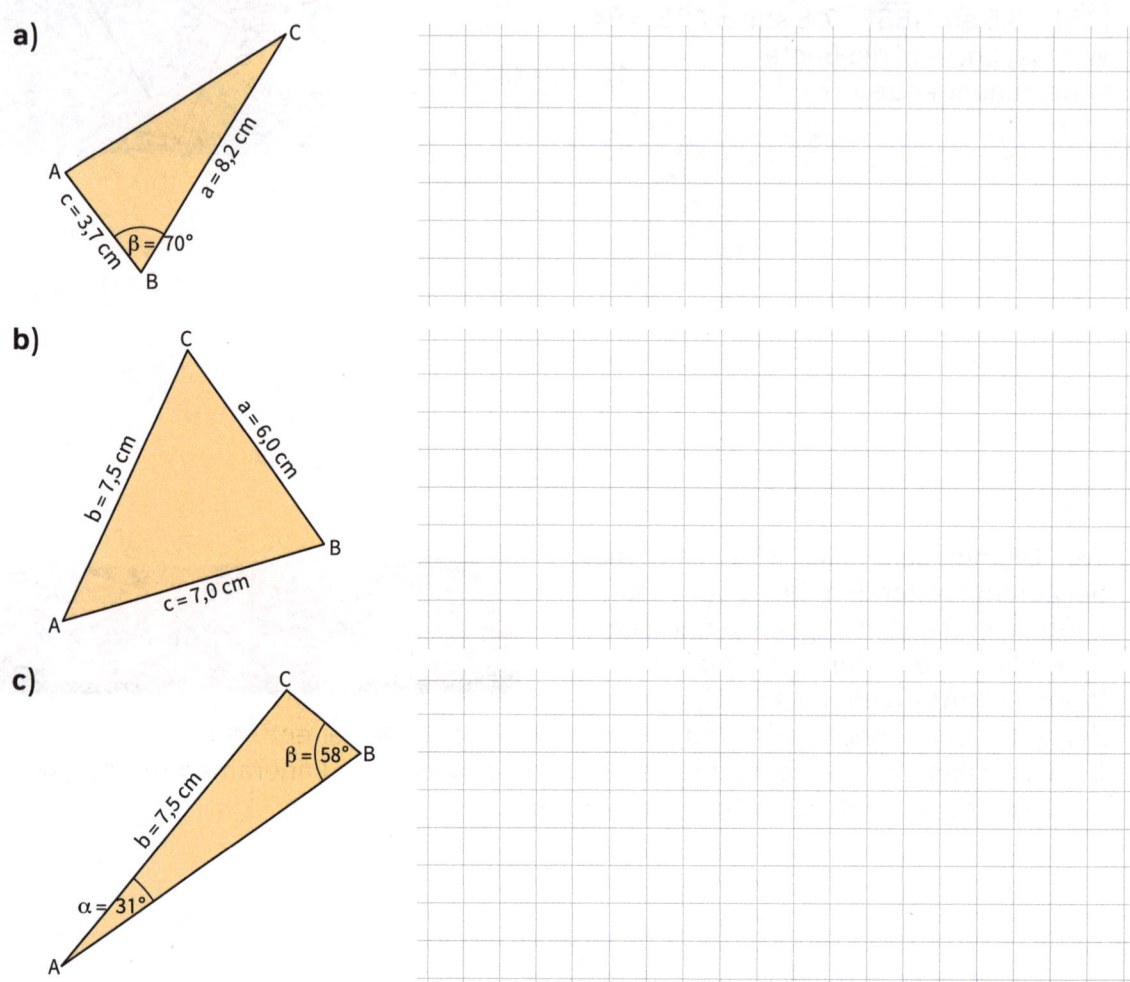

2. Der Flächeninhalt eines Waldstücks soll ermittelt werden. Entnimm die vermessenen Längen und Winkelmaße der Zeichnung und berechne. Teile die Fläche zunächst geeignet in zwei Dreiecke.

Berechnungen an Vierecken und Vielecken

1. Eine viereckige Ackerfläche wurde vermessen. Berechne den Umfang in Meter sowie den Flächeninhalt in Hektar.

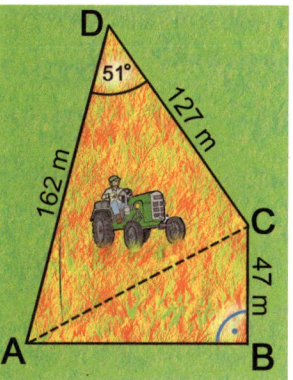

2. Im Viereck ABCD gilt: $|\overline{AB}| = 75{,}6$ m; $|\overline{AD}| = 83{,}4$ m; $\alpha = \gamma = 90°$; $\beta = 116°$.
Erstelle eine Skizze des Vierecks und berechne seinen Flächeninhalt und Umfang.
Skizze:

3. Berechne den Flächeninhalt der Weide ABCDE.

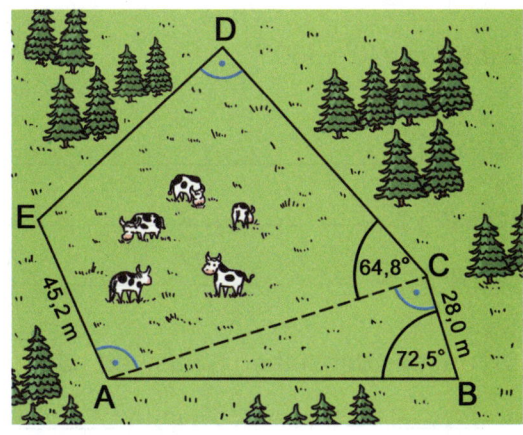

Sinus und Kosinus am Einheitskreis

1. Bestimme den Sinuswert zeichnerisch am Einheitskreis. Runde auf eine Stelle nach dem Komma.

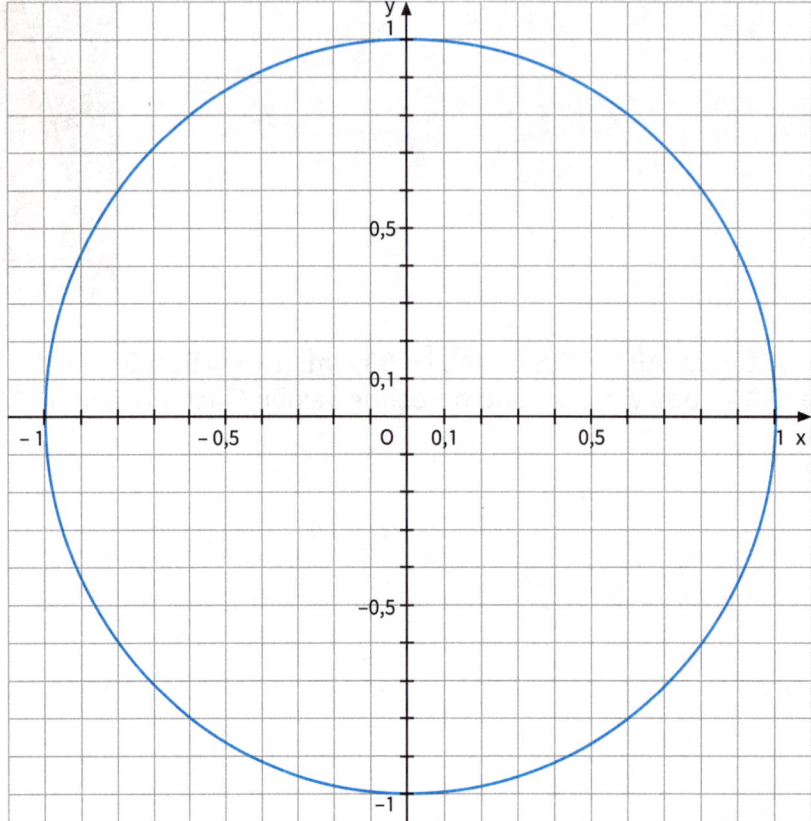

a) sin 30° = _____

b) sin 210° = _____

c) sin 45° = _____

d) sin 225° = _____

e) sin 70°= _____

f) sin 90° = _____

g) sin 130° = _____

h) sin 160° = _____

i) sin 310° = _____

2. Berechne mit dem Taschenrechner die Sinuswerte folgender Winkel. Runde auf Tausendstel.

a) sin 22° = _____

b) sin 57° = _____

c) sin 114° = _____

d) sin 140° = _____

e) sin 237° = _____

f) sin 340° = _____

3. Bestimme mithilfe des Taschenrechners **alle** Winkel $\varphi \in [0°; 360°]$. Runde auf ganze Grad.

a) sin φ = 0,07 φ_1 = _____°; φ_2 = 176°

b) sin φ = 0,50 _____

c) sin φ = −0,84 _____

d) sin φ = 0 _____

e) sin φ = − 1 _____

f) sin φ = − 2 _____

4. Gib jeweils ein zweites Winkelmaß $\varphi \in [0°; 360°]$ an, das denselben Sinuswert hat.

a) φ_1 = 37°; φ_2 = _____

b) φ_1 = 158°; φ_2 = _____

c) φ_1 = 336°; φ_2 = _____

5. Bestimme den Kosinuswert zeichnerisch am Einheitskreis. Runde auf eine Stelle nach dem Komma.

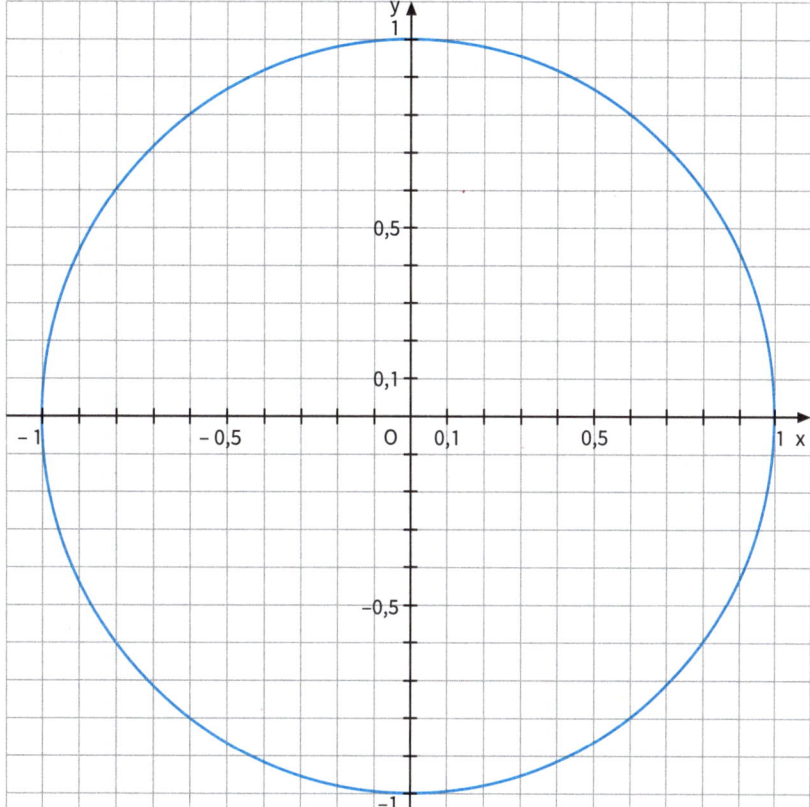

a) $\cos 26° = $ _____

d) $\cos 225° = $ _____

g) $\cos 100° = $ _____

b) $\cos 206° = $ _____

e) $\cos 60° = $ _____

h) $\cos 135° = $ _____

c) $\cos 45° = $ _____

f) $\cos 90° = $ _____

i) $\cos 330° = $ _____

6. Berechne mit dem Taschenrechner die Kosinuswerte folgender Winkel.
Runde auf Tausendstel.

a) $\cos 14° = $ _____

c) $\cos 72° = $ _____

e) $\cos 200° = $ _____

b) $\cos 53° = $ _____

d) $\cos 120° = $ _____

f) $\cos 307° = $ _____

7. Bestimme mithilfe des Taschenrechners **alle** Winkel $\varphi \in [0°; 360°]$.
Runde auf ganze Grad.

a) $\cos \varphi = 0{,}07$ $\varphi_1 = 86°$; $\varphi_2 = $ _____°

d) $\cos \varphi = -0{,}31$ _____

b) $\cos \varphi = 0{,}50$ _____

e) $\cos \varphi = 0$ _____

c) $\cos \varphi = -0{,}99$ _____

f) $\cos \varphi = -1$ _____

8. Gib jeweils ein zweites Winkelmaß $\varphi \in [0°; 360°]$ an, das denselben Kosinuswert hat.

a) $\varphi_1 = 37°$; $\varphi_2 = $ _____

b) $\varphi_1 = 158°$; $\varphi_2 = $ _____

c) $\varphi_1 = 336°$; $\varphi_2 = $ _____

Tangens am Einheitskreis

1. Bestimme den Tangenswert zeichnerisch am Einheitskreis. Runde auf Zehntel.

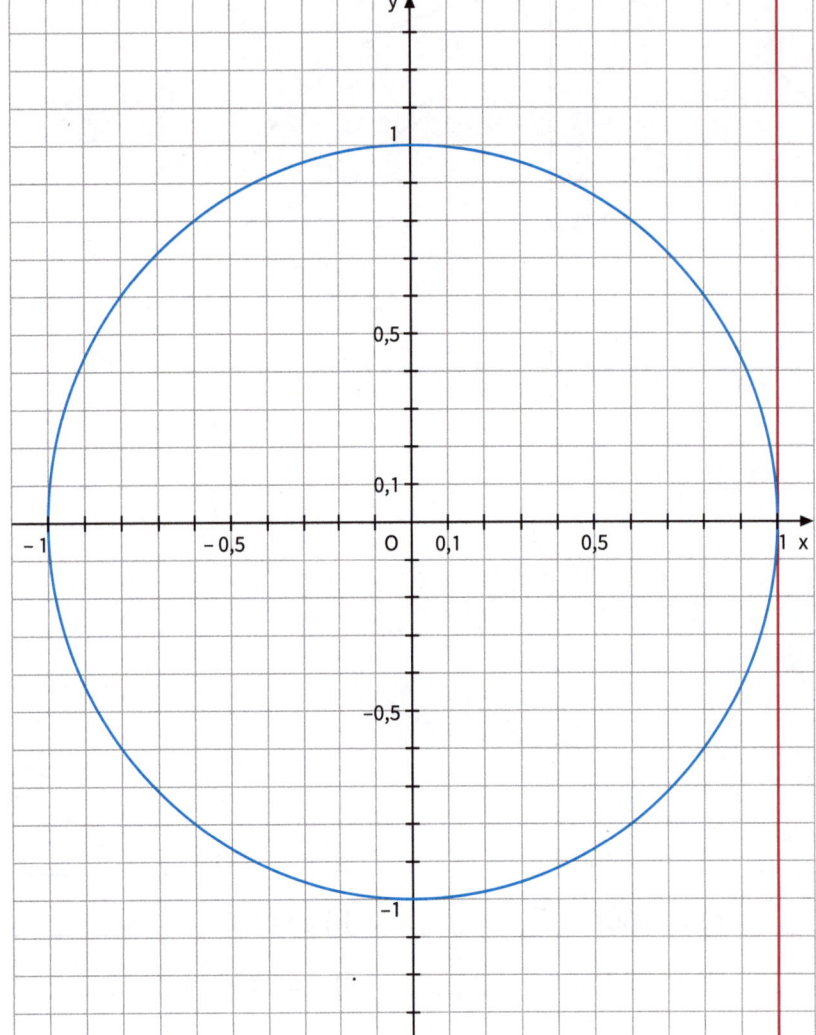

a) tan 10° = _____

b) tan 190° = _____

c) tan 25° = _____

d) tan 205° = _____

e) tan 230° = _____

f) tan 45° = _____

g) tan 225° = _____

h) tan 315°= _____

i) tan 325° = _____

j) tan 310° = _____

2. Berechne mit dem Taschenrechner die Tangenswerte folgender Winkel.
Runde auf Tausendstel.

a) tan 4° = _____ **c)** tan 88° = _____ **e)** tan 211° = _____

b) tan 17° = _____ **d)** tan 131° = _____ **f)** tan 300° = _____

3. Bestimme mithilfe des Taschenrechners **alle** Winkel $\varphi \in [0°; 360°]$.
Runde auf ganze Grad.

a) tan φ = 0,40 φ_1 = 22°; φ_2 = _____° **d)** tan φ = −1,28 _____

b) tan φ = 0,51 _____ **e)** tan φ = −57,29 _____

c) tan φ = −0,51 _____ **f)** tan φ = 0 _____

4. Gib jeweils ein zweites Winkelmaß $\varphi \in [0°; 360°]$ an, das denselben Tangenswert hat.

a) φ_1 = 37°; φ_2 = _____ **b)** φ_1 = 158°; φ_2 = _____ **c)** φ_1 = 306°; φ_2 = _____

Beziehungen zwischen Sinus, Kosinus und Tangens

1. Löse die Gleichung mithilfe der Komplementbeziehungen.

a) $\cos \varphi = \sin 53°$

$\cos \varphi = \cos (90° - \underline{\hspace{2cm}})$

$\varphi = 90° - \underline{\hspace{1.5cm}}$

$\varphi = \underline{\hspace{1.5cm}}$

b) $\cos 157° = \sin \varphi$

2. Bestimme das Winkelmaß φ. Es gilt $\varphi \in [0°; 180°]$.

a) $-5 \cos \varphi = 2 \sin \varphi$ $\quad (\varphi \neq 90°)$

$\dfrac{-5}{\underline{\hspace{1cm}}} = \dfrac{\sin \varphi}{\underline{\hspace{1cm}}}$

$-\underline{\hspace{2.5cm}} = \underline{\hspace{2cm}}$

$\varphi = \underline{\hspace{2.5cm}}$ bzw. $\varphi = \underline{\hspace{2.5cm}}$

b) $\cos^2 \varphi = \dfrac{1}{2} + \sin^2 \varphi$

3. Vereinfache den Term. Es gilt $\varphi \in \,]0°; 90°[$.

a) $1 - \sin^2 \varphi =$

b) $\sin \varphi \cdot \cos^{-1} \varphi =$

c) $\dfrac{\sin \varphi \cdot \tan \varphi}{\sqrt{1 - \sin^2 \varphi}} =$

d) $\dfrac{\sin (\varphi - 90°)}{\tan^{-1} \varphi} =$

e) $5 \sin (180° - \varphi) \cdot \sin \varphi - \cos (180° + \varphi) \cdot 5 \sqrt{1 - \sin^2 \varphi} =$

Trigonometrische Funktionen

1. a) Lies den Sinuswert der eingezeichneten Winkel am Einheitskreis ab und trage die Werte in die Tabelle und das Koordinatensystem ein.
Zeichne dann den Graphen der Sinusfunktion y = sin α.

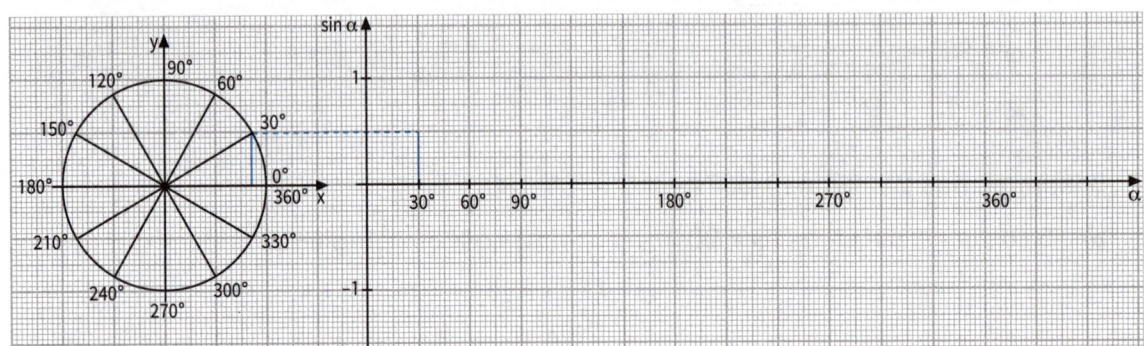

α	0°	30°	60°	90°	120°	150°	180°	210°	240°	270°	300°	330°	360°
sin α	0	0,5											

b) Ergänze die Eigenschaften der Sinusfunktion y = sin α im Intervall [0°; 360°].

Definitionsmenge: _____ ; Wertemenge: y ∈ _____ ;

Maximum: _____ ; Minimum: _____

Intervalle, in denen der Graph der Funktion y = sin α

(1) steigt: _____ ; (2) fällt: _____ ;

Nullstellen im Intervall [0°; 360°]: _____ ; Periode: _____

2. Ergänze die Eigenschaften der Kosinusfunktion y = cos α im Intervall [0°; 540°].

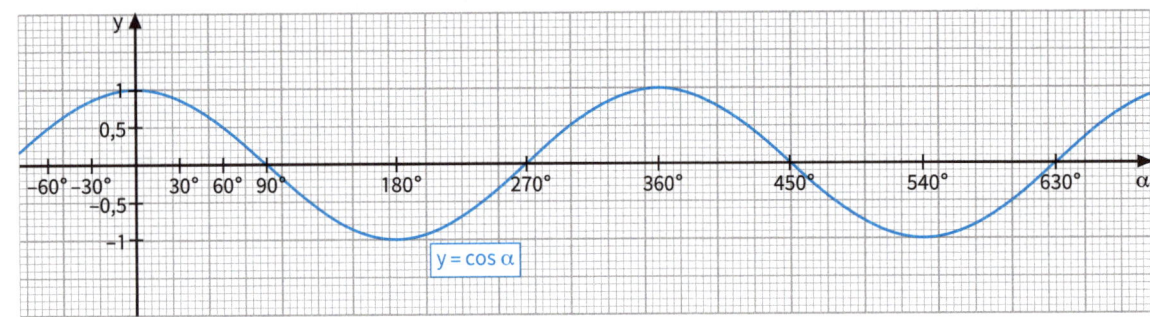

Definitionsmenge: _____ ; Wertemenge: y ∈ _____ ;

Maximum: _____ ; Minimum: _____

Intervalle, in denen der Graph der Funktion y = cos α

(1) steigt: _____ ; (2) fällt: _____ ;

Nullstellen: _____ ; Periode: _____

3. Ergänze die Eigenschaften der Tangensfunktion y = tan α im Intervall [−90°; 450°].

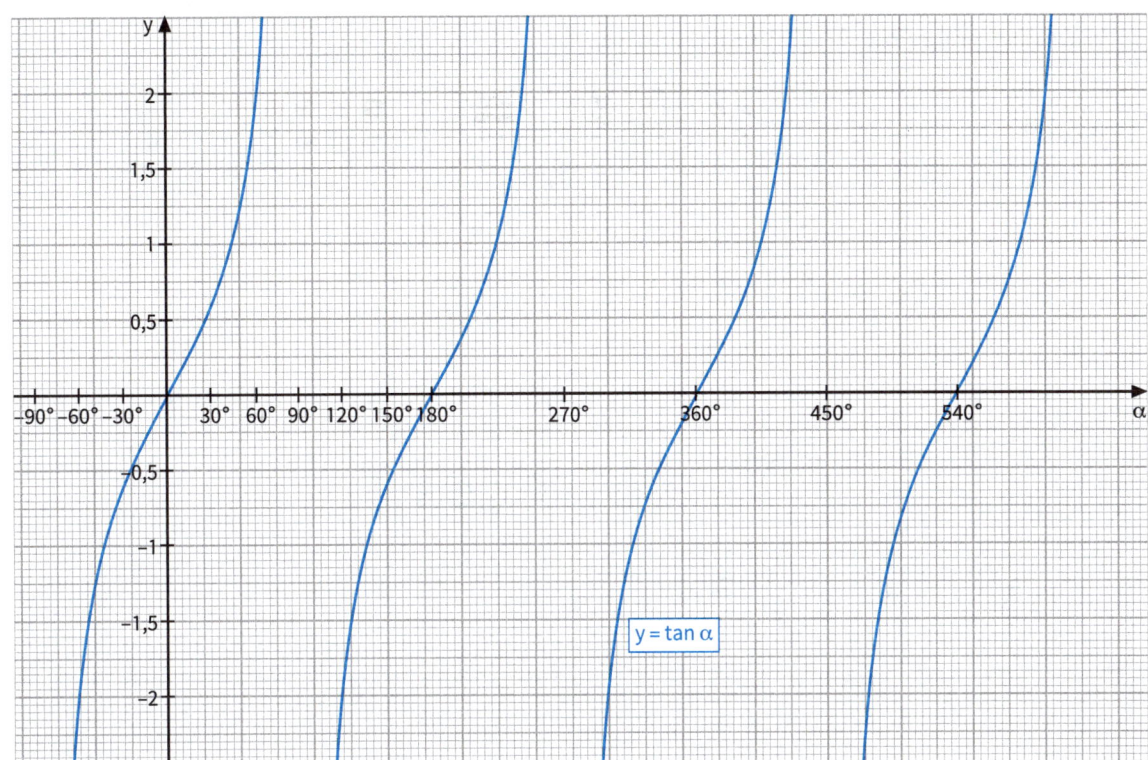

Definitionsmenge: _____ ;

Wertemenge: _____ ; Maximum: _____ ; Minimum: _____

Intervalle, in denen der Graph der Funktion y = tan α

(1) steigt: _____ ; (2) fällt: _____ ;

Nullstellen: _____ ; Periode: _____

Zeichne die Asymptoten des Graphen ein und beschreibe deren Lage.

_____

4. Lies am Graphen (im dargestellten Bereich) jeweils die zugehörigen Winkelmaße ab.

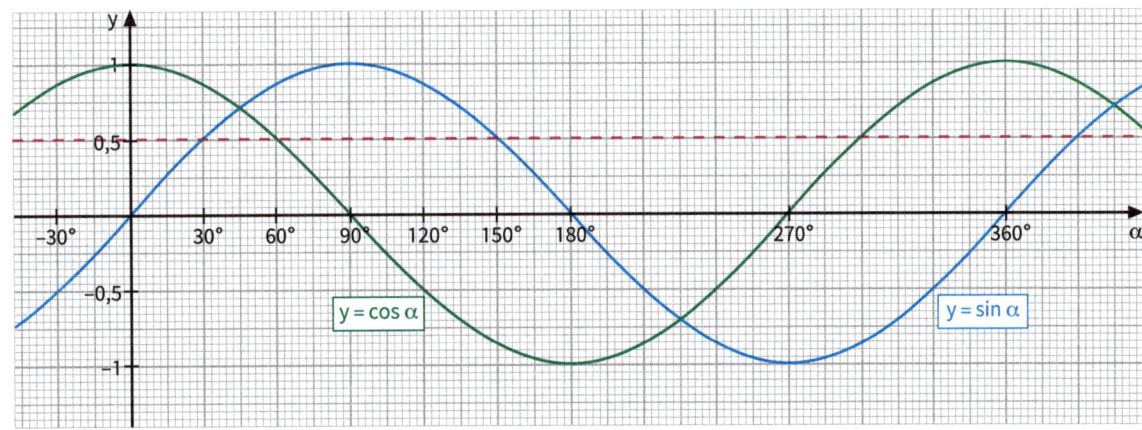

(1) sin α = 0,5 für α = _____   (2) cos α = −0,5 für α = _____   (3) sin α = cos α für α = _____

  und α = _____   und α = _____   und α = _____

Umformen trigonometrischer Terme – Additionstheoreme

1. Vervollständige die Additionstheoreme.

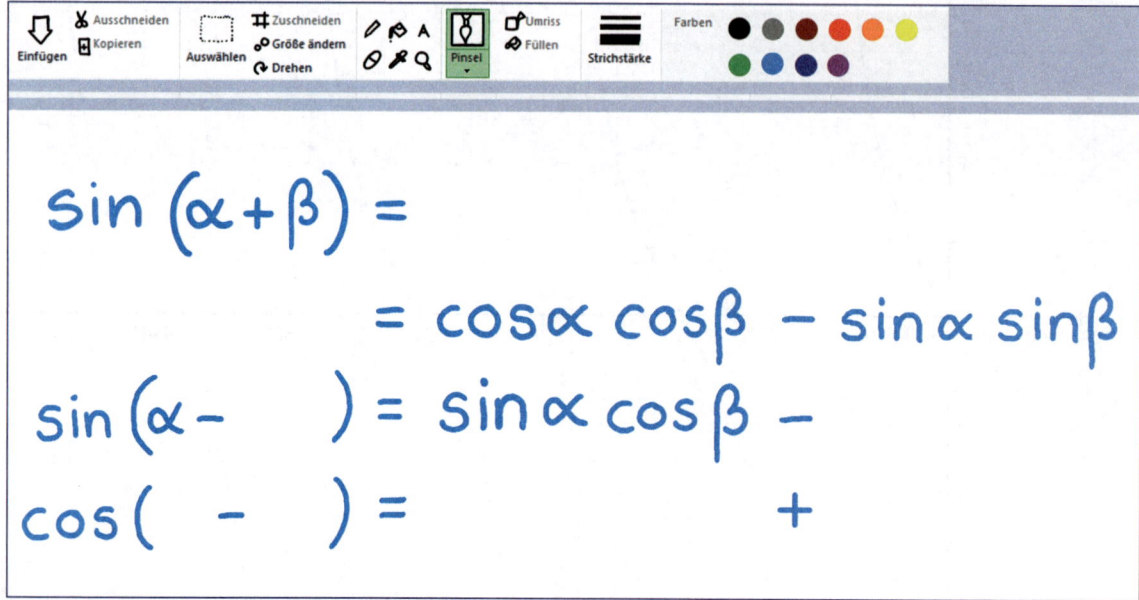

$$\sin(\alpha + \beta) =$$

$$= \cos\alpha\,\cos\beta - \sin\alpha\,\sin\beta$$

$$\sin(\alpha - \quad) = \sin\alpha\,\cos\beta -$$

$$\cos(\quad - \quad) = \qquad +$$

2. Bestimme α mithilfe der Additionstheoreme ($\alpha \in [0°;\ 360°]$).

a) $\sin(\alpha + 30°) = 0{,}5 \cdot \sin\alpha$

$$\sin\alpha \cdot \cos 30° + \cos\alpha \cdot \sin 30° = 0{,}5 \cdot \sin\alpha$$

$$\tfrac{1}{2}\sqrt{3} \cdot \underline{\hspace{2cm}} + \tfrac{1}{2} \cdot \underline{\hspace{2cm}} = 0{,}5 \cdot \sin\alpha$$

$$\tfrac{1}{2} \cdot \cos\alpha = 0{,}5 \cdot \sin\alpha - \underline{\hspace{2.5cm}}$$

$$\tfrac{1}{2} \cdot \cos\alpha = (\underline{\hspace{3cm}}) \cdot \sin\alpha$$

$$\underline{\hspace{2.5cm}} = \frac{\sin\alpha}{\cos\alpha}$$

$$\underline{\hspace{2.5cm}} = \underline{\hspace{1.5cm}}$$

$$\alpha^* = \underline{\hspace{2cm}}; \ \alpha_1 = \underline{\hspace{2cm}}; \ \alpha_2 = \underline{\hspace{2cm}}$$

b) $0{,}8 \cdot \cos\alpha = \cos(\alpha + 53°)$

3. Löse die trigonometrischen Gleichungen für Winkelmaße aus dem Intervall [0°; 360°].

a) $\sin(\varphi + 20°) = 0{,}8$

$\varphi_1 + 20° = 53{,}13°$; $\varphi_2 + 20° = $ _____ °

$\varphi_1 = $ _____ °; $\varphi_2 = $ _____ °

b) $\dfrac{\sin \beta}{\sin(\beta - 60°)} = 0{,}5$

$\sin \beta = 0{,}5 \; ($_____ $-$ _____$)$

$\sin \beta = $ _____ $\sin \beta - $ _____ $\cos \beta$

_____ $\sin \beta = $ _____ $\cos \beta$

$\dfrac{\sin \beta}{\cos \beta} = $ _____

_____ $= $ _____

$\beta^* = $ _____; $\beta_1 = $ _____; $\beta_2 = $ _____

c) $\cos^2 \delta + 3 \sin \delta = 2$

$1 - $ _____ $+ \; 3 \sin \delta = 2$ $\sin \delta = \dfrac{+ \sqrt{5}}{\rule{2cm}{0.4pt}}$

_____ $+ \; 3 \sin \delta - $ _____ $= 0$ $\delta_1 = $ _____; $\delta_2 = $ _____

$\sin \delta = \dfrac{\pm \sqrt{\rule{3cm}{0.4pt}}}{\rule{3cm}{0.4pt}}$ $\sin \delta = \dfrac{- \sqrt{5}}{\rule{2cm}{0.4pt}} \notin [-1; 1]$

d) $0{,}5 \sin \gamma + 2 \cos \gamma = 0{,}75$ (Denke an die Probe!)

Trägergraphen

1. Gegeben sind die Punkte P_n $(4 \cos \alpha + 5 \mid 8 \sin^2 \alpha + 1)$ mit $\alpha \in [0°; 360°]$.

a) Berechne die Koordinaten der Punkte P_1 für $\alpha = 0°$, P_2 für $\alpha = 45°$, P_3 für $\alpha = 90°$, P_4 für $\alpha = 120°$, P_5 für $\alpha = 180°$ und trage sie in das Koordinatensystem ein.

$P_1 (\quad \mid \quad)$

$P_2 (\quad \mid \quad)$

$P_3 (\quad \mid \quad)$

$P_4 (\quad \mid \quad)$

$P_5 (\quad \mid \quad)$

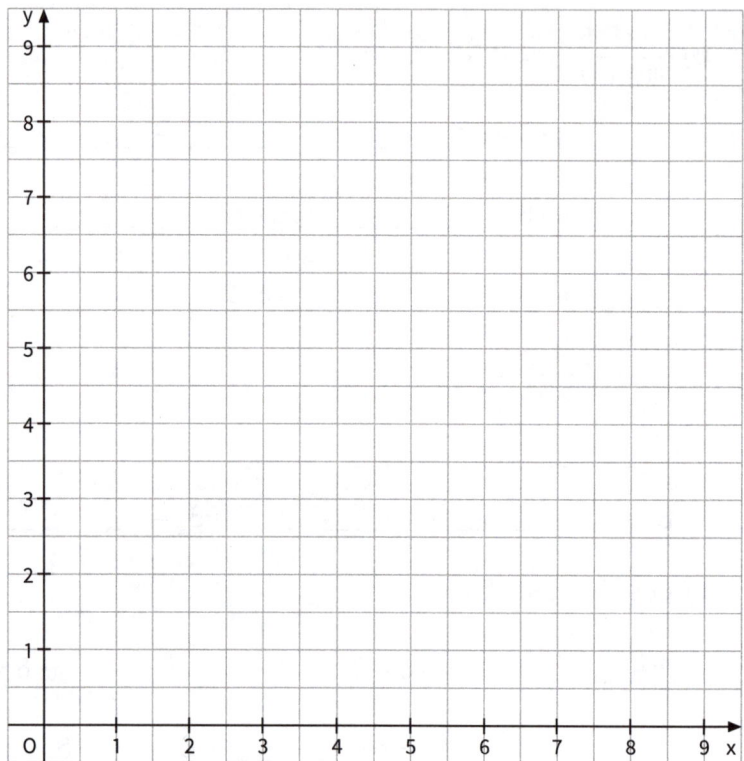

b) Berechne die Funktionsgleichung des Trägergraphen p der Punkte P_n und zeichne ihn in das Koordinatensystem.

(I) $x = 4 \cos \alpha + 5$

$4 \cos \alpha =$ _____

$\cos \alpha =$ _____

(II) $y = 8 \sin^2 \alpha + 1$

$y = 8 (1 -$ _____ $) + 1$

$y = 8 - 8$ _____ $+ 1$

$y =$ _____

(I) in (II) einsetzen: $y =$ _____

$=$ _____

$=$ _____

p: $y =$ _____

c) Bestimme die Definitions- und Wertemenge des Trägergraphen.

$-1 \leq \cos \alpha \leq +1$

$0 \leq \sin^2 \alpha \leq +1$

$D =$ _____

$W =$ _____

Extremwertprobleme

1. Kreuze an.

(1) Der Term **sin φ** nimmt für folgende Winkelmaße φ einen
maximalen Wert an:

☐ φ = 0° ☐ φ = 90° ☐ φ = 180° ☐ φ = 270° ☐ φ = 360°

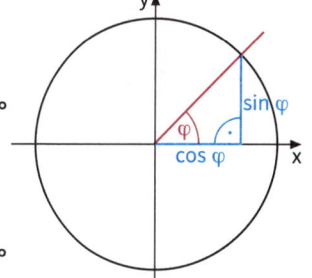

(2) Der Term **cos φ** nimmt für folgende Winkelmaße φ einen
minimalen Wert an:

☐ φ = 0° ☐ φ = 90° ☐ φ = 180° ☐ φ = 270° ☐ φ = 360°

(3) Zähler und Nenner eines Bruchs sind positiv. Der Wert des Bruchs mit konstantem
Zähler ist **maximal**, wenn der Nenner den

☐ kleinstmöglichen Wert   ☐ größtmöglichen Wert   annimmt.

(4) Zähler und Nenner eines Bruchs sind positiv. Der Wert des Bruchs mit konstantem
Nenner ist **minimal**, wenn der Zähler den

☐ kleinstmöglichen Wert   ☐ größtmöglichen Wert   annimmt.

2. Gib den Wert für φ ∈ [0°; 180°] an, für den

a) der Term seinen maximalen Wert annimmt.

(1) $\sin(\varphi + 30°)$ (2) $9\cos\varphi + 6$ (3) $2{,}25\cos(\varphi - 20°)$

φ + 30° = 90°   _____   _____

φ = _____   φ = _____   φ = _____

b) der Term einen minimalen Wert annimmt.

(1) $\cos(45° + \varphi)$ (2) $\sin(\varphi + 130°)$ (3) $\dfrac{\sin(\varphi + 120°)}{2}$

45° + φ = 180°   _____   _____

φ = _____   φ = _____   φ = _____

3. Bestimme den Extremwert bzw. die Extremwerte der Terme im Intervall [0°; 360°].
Gib auch den zugehörigen Wert für α an.

a) $T(\alpha) = 3\cos(\alpha - 20°) + 2$ **b)** $T(\alpha) = 4\sin^2\alpha - 2\sin\alpha + 3$

Funktionale Abhängigkeiten

1. Gegeben sind die Dreiecke ABC_n, wobei die Punkte C_n auf der Strecke $\overline{BP}$ liegen. Die Winkel $\sphericalangle BAC_n$ haben das Maß α. Es gilt $|\overline{AB}| = 4$ cm, $|\overline{BP}| = 9$ cm, $\sphericalangle PBA = 60°$.

a) Ergänze in der Zeichnung die Dreiecke ABC_1 für $\alpha = 45°$, ABC_2 für $\alpha = 70°$ und ABC_3 für $\alpha = 90°$.

b) Berechne die obere Intervallgrenze für α und gib dann ein geeignetes Intervall für α an.

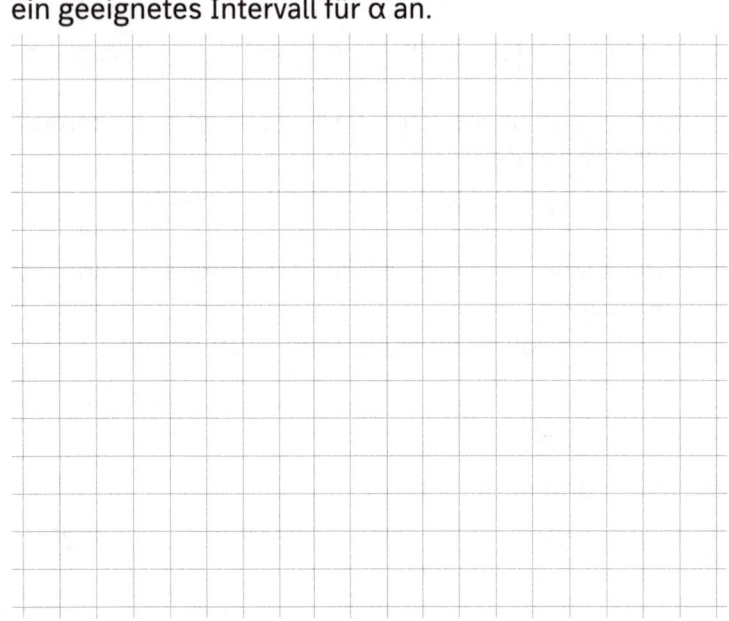
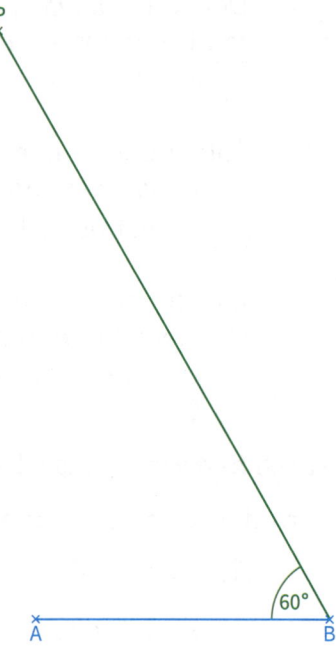

c) Begründe, dass für das Maß γ des Winkels $\sphericalangle AC_nB$ gilt $\gamma = 180° - (60° + \alpha)$

_____

d) Zeige, dass für die Länge der Strecken $\overline{AC_n}$ in Abhängigkeit vom Winkelmaß α gilt:

$$|\overline{AC_n}|(\alpha) = \frac{2\sqrt{3}}{\sin(60° + \alpha)} \text{ cm}$$

e) Begründe rechnerisch, für welches Winkelmaß α die Strecken $\overline{AC_n}$ die minimale Länge haben. Interpretiere auch geometrisch.

f) Berechne den Flächeninhalt der Dreiecke ABC_n in Abhängigkeit vom Winkelmaß α.

Skalarprodukt und seine Anwendungen

1. Fülle die Lücken aus.

$$\begin{pmatrix} 3 \\ \end{pmatrix} \circ \begin{pmatrix} \\ 2 \end{pmatrix} = \underline{\hspace{1cm}} \cdot (-5) + 4 \cdot \underline{\hspace{1cm}} = \underline{\hspace{1cm}} + \underline{\hspace{1cm}} = \underline{\hspace{1cm}}$$

2. Fülle die Lücken so, dass $\vec{v} \perp \vec{w}$.

a) $\vec{v} = \begin{pmatrix} -6 \\ 3 \end{pmatrix}$; $\vec{w} = \begin{pmatrix} \\ -4 \end{pmatrix}$

b) $\vec{v} = \begin{pmatrix} \sqrt{3} \\ \end{pmatrix}$; $\vec{w} = \begin{pmatrix} \sqrt{12} \\ -30 \end{pmatrix}$

$-6 \cdot x + 3 \cdot (-4) = 0$

3. Für die Dreiecke ABC_n gilt $A(-4|1)$, $B(2|-3)$ und $C_n(x|-0,5x+2)$.

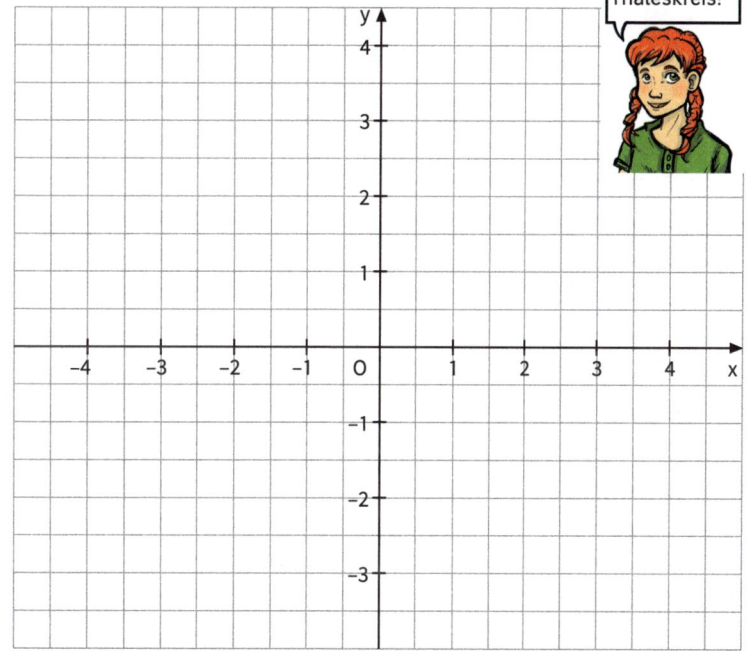

Denke an den Thaleskreis!

a) Zeichne die vier rechtwinkligen Dreiecke ABC_1, ABC_2, ABC_3 und ABC_4 in das Koordinatensystem.

b) Berechne die Koordinaten der Vektoren .

$\overrightarrow{AC_n} =$

$\overrightarrow{BC_n} =$

c) Für welche Belegungen von x haben die Dreiecke ABC_n einen rechten Winkel bei C_n? Berechne mithilfe des Skalarprodukts die Koordinaten der entsprechenden Eckpunkte.

4. Berechne den Abstand des Punktes P (3|− 4) von der Geraden g: y = − 0,5x + 4.

F ist der Fußpunkt des Lots von P auf g. Da der Punkt F auf der Geraden g liegt, hat er die Koordinaten F (x |_____).

Damit folgt $\overrightarrow{PF}$ = $\begin{pmatrix} - 3 \\ - (-4) \end{pmatrix}$ = $\begin{pmatrix} \\ \end{pmatrix}$

Die Gerade g hat die Steigung m = −$\dfrac{}{}$. Damit kann ihre Steigung mit dem

Vektor $\vec{v}$ = $\begin{pmatrix} \\ \end{pmatrix}$ beschrieben werden.

Es gilt $\overrightarrow{PF}$ ⊙ $\vec{v}$ = 0, also _____ = 0

_____ = _____

x = _____

Es folgt $\overrightarrow{PF}$ = $\begin{pmatrix} \\ \end{pmatrix}$ = $\begin{pmatrix} \\ \end{pmatrix}$

$|\overrightarrow{PF}|$ = $\sqrt{()^2 + ()^2}$ LE ≈ _____ LE

bzw. d (P; g) ≈ _____ LE

5. Berechne das Maß des kleineren Winkels φ, den die beiden Pfeile $\overrightarrow{AB}$ = $\begin{pmatrix} 4 \\ 5 \end{pmatrix}$ und $\overrightarrow{AC}$ = $\begin{pmatrix} -3 \\ 9 \end{pmatrix}$ einschließen. Runde auf zehntel Grad.

cos α = $\dfrac{ \cdot + \cdot }{\sqrt{^2 + ^2} \cdot \sqrt{^2 + ^2}}$ = _____ ; α = _____

6. Die beiden Vektoren $\vec{u}$ = $\begin{pmatrix} 3 \\ 4 \end{pmatrix}$ und $\vec{w}$ = $\begin{pmatrix} 6 \\ y \end{pmatrix}$ schließen einen Winkel mit dem Maß μ = 60° ein. Berechne die y-Koordinate des Vektors $\vec{w}$.

7. Ermittle die Maße der Winkel α und β, die die beiden Geraden
g: $y = -0,25x + 3$ und h: $y = x - 1$ einschließen, durch

(1) Zeichnen und Messen.

Falls nichts anderes angegeben ist, runde auf zwei Nachkommastellen.

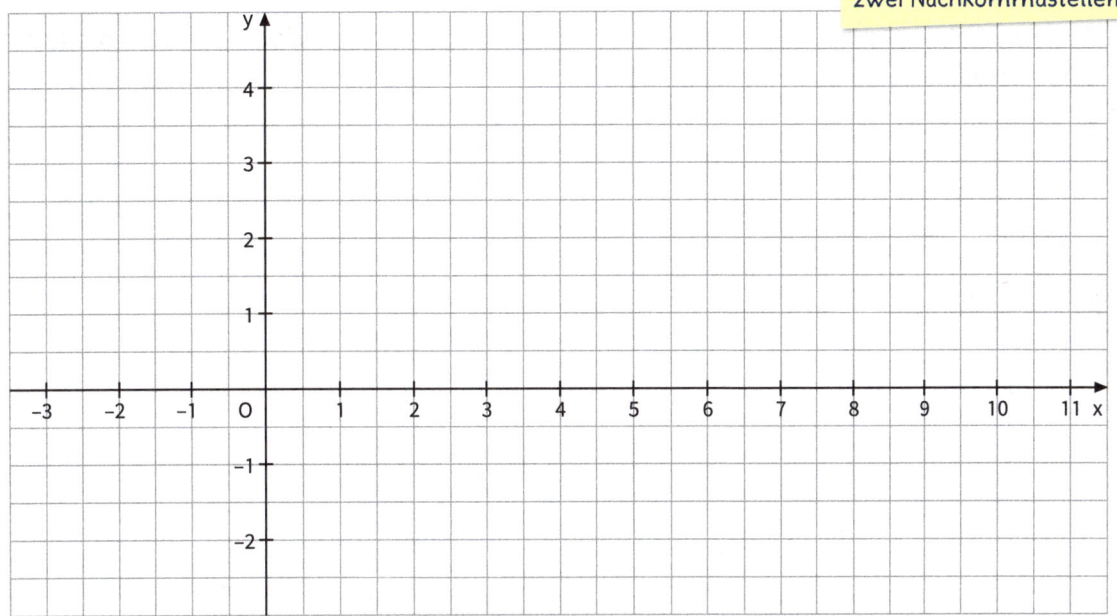

(2) Berechnen mithilfe des Skalarprodukts.

$m_g =$ ▢ $= \dfrac{▢}{▢} \Rightarrow \vec{g} = \begin{pmatrix} ▢ \\ ▢ \end{pmatrix}$; $m_h =$ ▢ $= \dfrac{▢}{▢} \Rightarrow \vec{h} = \begin{pmatrix} ▢ \\ ▢ \end{pmatrix}$;

$\cos \alpha = \dfrac{▢}{▢} = \underline{\hspace{2cm}}\dots ; \Rightarrow \alpha = \underline{\hspace{2cm}}$ und $\beta = 180° - \alpha = \underline{\hspace{2cm}}$

(3) Berechnen mithilfe der Beziehung $m = \tan \alpha$. Zeichne α_1 und α_2 oben in (1) ein.

$m_g = \underline{\hspace{1.5cm}} \Rightarrow \tan \alpha_1 = \underline{\hspace{1.5cm}}$ $\alpha_1 = \underline{\hspace{1.5cm}}; \alpha_1^* = \underline{\hspace{1.5cm}}$

$m_h = \underline{\hspace{1.5cm}} \Rightarrow \tan \alpha_2 = \underline{\hspace{1.5cm}}$ $\alpha_2 = \underline{\hspace{1.5cm}}$

$\alpha = \alpha_1 + \alpha_2 = \underline{\hspace{2cm}}; \beta = 180° - \alpha = \underline{\hspace{1.5cm}}$

8. Die Gerade a: $y = -0,75x - 2$ schließt mit der Geraden b: $y = mx + 3$ einen Winkel mit dem Maß $\gamma = 60°$ ein. Berechne mögliche Funktionsgleichungen der Geraden b.

$m_a =$ ▢ $= -\dfrac{▢}{▢} \Rightarrow \vec{a} = \begin{pmatrix} ▢ \\ ▢ \end{pmatrix}$; $m_b = \dfrac{m_b}{1} \Rightarrow \vec{b} = \begin{pmatrix} ▢ \\ ▢ \end{pmatrix}$

2. Abbildungen im Koordinatensystem

Abbildung durch Parallelverschiebung

1. Der Punkt P wird durch den Vektor $\vec{v}$ auf den Punkt P′ abgebildet. Berechne die Koordinaten von P′.

a) $P(1|-4)$; $\vec{v} = \begin{pmatrix} 2 \\ 7 \end{pmatrix}$

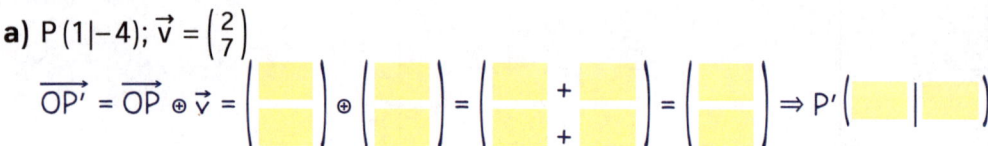

$$\overrightarrow{OP'} = \overrightarrow{OP} \oplus \vec{v} = \begin{pmatrix} \\ \end{pmatrix} \oplus \begin{pmatrix} \\ \end{pmatrix} = \begin{pmatrix} + \\ + \end{pmatrix} = \begin{pmatrix} \\ \end{pmatrix} \Rightarrow P'(|)$$

b) $P(-3,5|8)$; $\vec{v} = \begin{pmatrix} 8,5 \\ -12 \end{pmatrix}$

2. Berechne die fehlenden Koordinaten.

a) $P(x_P|4) \xrightarrow{\ \vec{v} = \begin{pmatrix} -1 \\ 3 \end{pmatrix}\ } P'(9|y_{P'})$

$$\begin{pmatrix} x_P \\ 4 \end{pmatrix} \oplus \begin{pmatrix} -1 \\ 3 \end{pmatrix} = \begin{pmatrix} 9 \\ y_{P'} \end{pmatrix}$$

(I) $x_P + \underline{\hspace{2cm}} = 9$ | $\underline{\hspace{1cm}}$　　　　(II) $\underline{\hspace{2.5cm}} = y_{P'}$

$x_P = \underline{\hspace{1.5cm}}$　　　　　　　　　　　　$\underline{\hspace{1.5cm}} = y_{P'}$

b) $R(-3|y_R) \xrightarrow{\ \vec{v} = \begin{pmatrix} x_v \\ 5 \end{pmatrix}\ } R'(6|-1)$

c) $T(x_T|y_T) \xrightarrow{\ \vec{v} = \begin{pmatrix} 3 \\ -7 \end{pmatrix}\ } T'(-10|5)$

3. Die Punkte A$(-1|2)$ und C$(6|2)$ sind Eckpunkte von Parallelogrammen AB$_n$CD$_n$. Die Punkte B$_n$ liegen auf der Geraden g: $y = 1,5x - 3$. Im Folgenden ist x die x-Koordinate von B$_n$.

a) Zeichne die Gerade g und die Parallelogramme AB$_1$CD$_1$ für $x_1 = 1$ und AB$_2$CD$_2$ für $x_2 = 2$ in das Koordinatensystem.

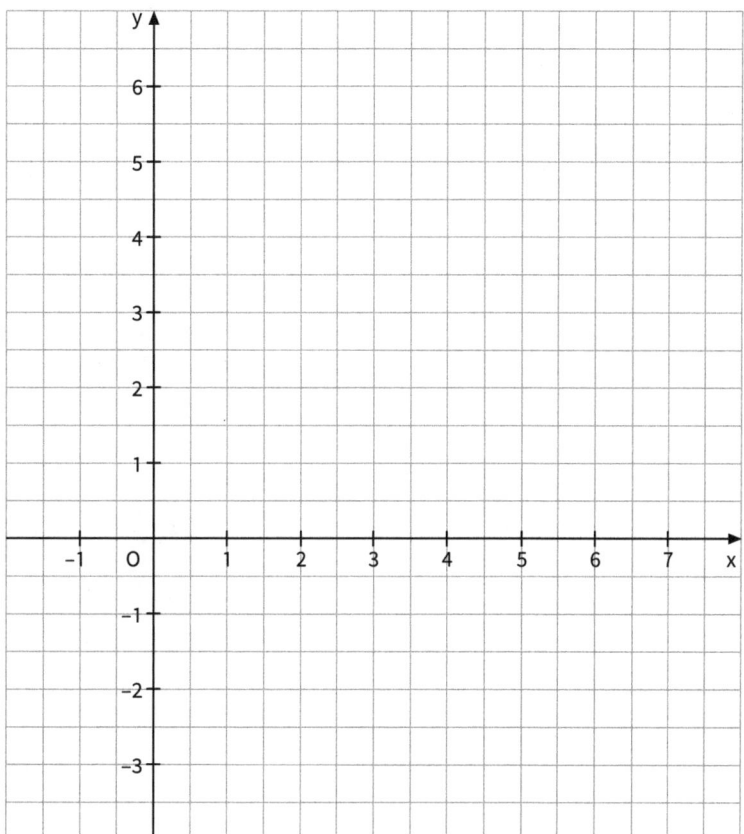

b) Berechne die Koordinaten von D$_n$ in Abhängigkeit von x.

c) Bestimme die Funktionsgleichung des Trägergraphen t der Punkte D$_n$ und zeichne ihn in das obige Koordinatensystem ein.

Abbildung durch zentrische Streckung

1. Der Punkt P wird durch zentrische Streckung am Streckungszentrum Z mit dem Streckungsfaktor k abgebildet. Berechne die Koordinaten des Punktes P'.

a) P(3|5); Z(1|1); k = 2,5

b) P(−2|7); Z(2,5|−4); k = −1,5

2. Berechne die fehlenden Angaben.

$$A(x_A|4) \xrightarrow{Z(3|5);\ k} A'(9|7)$$

3. Das Rechteck ABCD mit A (2|0), B (5|1) und C (3|7) wird durch zentrische Streckung an A mit k = 0,75 auf das Rechteck A′B′C′D′ abgebildet.

a) Zeichne die Rechtecke ABCD und A′B′C′D′ in das Koordinatensystem ein und gib die Koordinaten der angegebenen Punkte an.

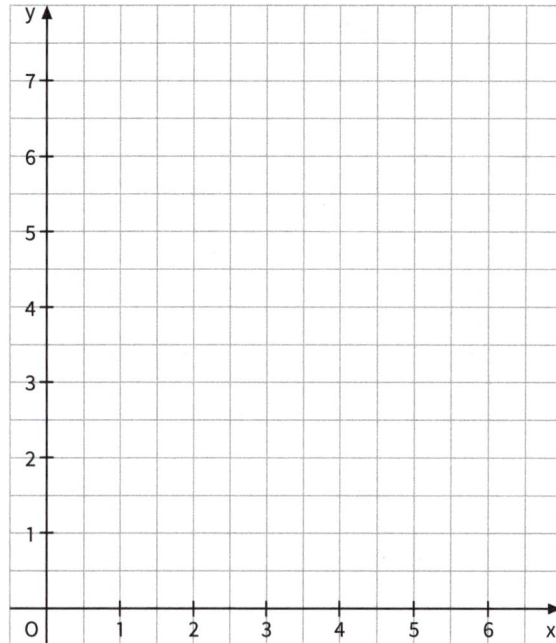

D (_____ | _____)

A′(_____ | _____)

B′(_____ | _____)

C′(_____ | _____)

D′(_____ | _____)

b) Bestätige die Koordinaten von B′ und C′ durch Rechnung.

c) Berechne die Flächeninhalte von Ur- und Bildfigur.

Multiplikation einer Matrix mit einem Vektor

1. Berechne das Matrix-Vektor-Produkt und vereinfache, falls möglich.

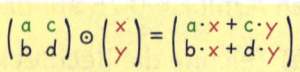

$$\begin{pmatrix} a & c \\ b & d \end{pmatrix} \odot \begin{pmatrix} x \\ y \end{pmatrix} = \begin{pmatrix} a \cdot x + c \cdot y \\ b \cdot x + d \cdot y \end{pmatrix}$$

a) $\begin{pmatrix} 3,5 & -2 \\ -5 & 7 \end{pmatrix} \odot \begin{pmatrix} 1,5 \\ -4 \end{pmatrix} = \begin{pmatrix} \square \cdot \square + \square \cdot \square \\ \square \cdot \square + \square \cdot \square \end{pmatrix} = \begin{pmatrix} \square \\ \square \end{pmatrix}$

b) $\begin{pmatrix} 8 & -0,5 \\ 3 & 4 \end{pmatrix} \odot \begin{pmatrix} x \\ y \end{pmatrix} =$

c) $\begin{pmatrix} \sin\alpha & \cos\alpha \\ \cos\alpha & -\sin\alpha \end{pmatrix} \odot \begin{pmatrix} \sin\beta \\ \cos\beta \end{pmatrix} =$

2. Bestimme die fehlenden Elemente.

a) $\begin{pmatrix} \blacksquare & 5 \\ 1 & \blacksquare \end{pmatrix} \odot \begin{pmatrix} 3 \\ 1 \end{pmatrix} = \begin{pmatrix} 11 \\ 3 \end{pmatrix}$

b) $\begin{pmatrix} 6 & 8 \\ -5 & -3 \end{pmatrix} \odot \begin{pmatrix} \blacksquare \\ 8 \end{pmatrix} = \begin{pmatrix} 4 \\ \blacksquare \end{pmatrix}$

c) $\begin{pmatrix} \blacksquare & \blacksquare \\ \blacksquare & \blacksquare \end{pmatrix} \odot \begin{pmatrix} a \\ b \end{pmatrix} = \begin{pmatrix} a^2 \\ -b \end{pmatrix}$

Achsenspiegelung an Ursprungsgeraden

1. Der Punkt P wird durch Achsenspiegelung an der Ursprungsgeraden g auf den Punkt P′ abgebildet. Berechne die Koordinaten von P′.

a) P (5|1,5); g: y = 0,6x

$$m = \underline{\hspace{2cm}} = \tan \varphi, \text{ also } \varphi = \underline{\hspace{2cm}}$$

$$\Rightarrow P'(\underline{\hspace{1.5cm}} | \underline{\hspace{1.5cm}})$$

b) P (−3|6); g: y = −1,5x ⇒ φ = _____

2. Die angegebenen Punkte sind Ur- und Bildpunkt einer Achsenspiegelung an einer Ursprungsgeraden s.
Zeichne Ur- und Bildpunkt in das Koordinatensystem und ergänze die Ursprungsgerade s. Berechne anschließend die Funktionsgleichung der Geraden s.

a) P (−2|4); P′(3,5|−2,7)

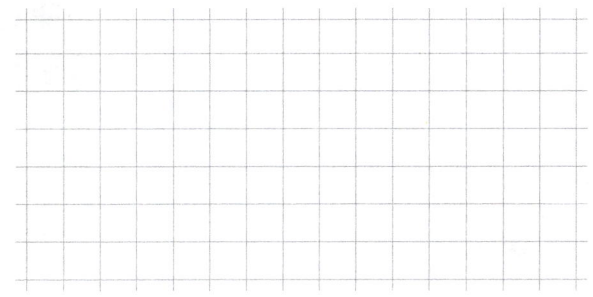

s: y = _____

b) Q (3|1,5); Q′(0,9|3,2)

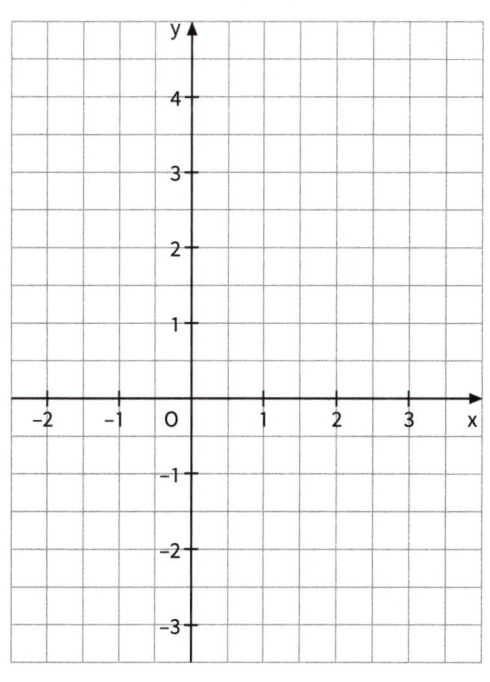

3. Gib die zur angegebenen Spiegelmatrix gehörende Funktionsgleichung der Spiegelachse s an. Die Spiegelachse ist eine Ursprungsgerade.

a) $\begin{pmatrix} \cos 50° & \sin 50° \\ \sin 50° & -\cos 50° \end{pmatrix}$

$2 \cdot \varphi = $ _____, also $\varphi = $ _____

$m = \tan$ _____ $= $ _____

$s: y = $ _____

b) $\begin{pmatrix} \cos 125° & \sin 125° \\ \sin 125° & -\cos 125° \end{pmatrix}$

c) $\begin{pmatrix} 0{,}34 & 0{,}94 \\ 0{,}94 & -0{,}34 \end{pmatrix}$

$\cos 2 \cdot \varphi = $ _____ $\ |\cos^{-1}$

$2 \cdot \varphi_1 = $ _____ $2 \cdot \varphi_2 = $ _____

$\varphi_1 = $ _____ $\varphi_2 = $ _____

$\sin 2 \cdot \varphi = $ _____ $\ |\sin^{-1}$

$2 \cdot \varphi_3 = $ _____ $2 \cdot \varphi_4 = $ _____

$\varphi_3 = $ _____ $\varphi_4 = $ _____

$\Rightarrow \varphi = $ _____ $s: y = $ _____

> In welchem Winkelmaß stimmen $\cos \varphi$ und $\sin \varphi$ überein?

d) $\begin{pmatrix} \frac{1}{2}\sqrt{2} & \frac{1}{2}\sqrt{2} \\ \frac{1}{2}\sqrt{2} & -\frac{1}{2}\sqrt{2} \end{pmatrix}$

4. Verbinde die zum Sonderfall der Achsenspiegelung gehörende Matrix- und Koordinatenform.

$\begin{pmatrix} -1 & 0 \\ 0 & 1 \end{pmatrix}$

$\begin{pmatrix} 1 & 0 \\ 0 & -1 \end{pmatrix}$

$\begin{pmatrix} 0 & 1 \\ 1 & 0 \end{pmatrix}$

$\begin{pmatrix} 0 & -1 \\ -1 & 0 \end{pmatrix}$

Spiegelung an der x- Achse

Spiegelung an der Winkelhalbierenden des I. und III. Quadranten

Spiegelung an der y- Achse

Spiegelung an der Winkelhalbierenden des II. und IV. Quadranten

$x' = y$
$y' = x$

$x' = -y$
$y' = -x$

$x' = x$
$y' = -y$

$x' = -x$
$y' = y$

5. Die Winkelhalbierende des I. und III. Quadranten ist die Symmetrieachse des Quadrats ABCD mit A (0|3) und C (6|3).
Zeichne die Winkelhalbierende und das Quadrat ABCD in das Koordinatensystem und überprüfe die Koordinaten von B und D rechnerisch.

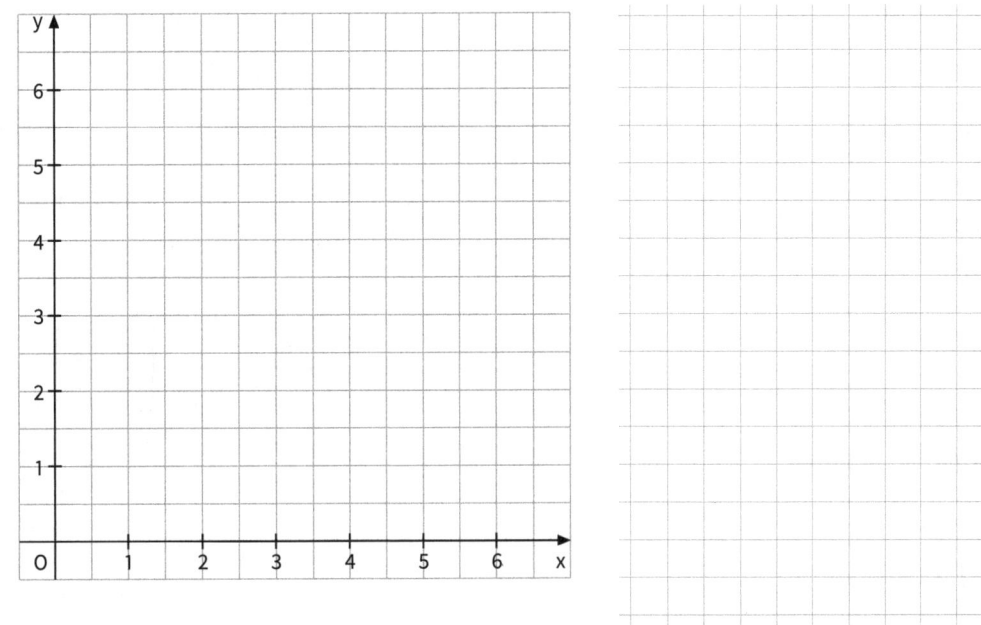

6. Das Drachenviereck PQRS ist achsensymmetrisch zur Diagonalen $\overline{PR}$.
Zeichne das Drachenviereck PQRS in das Koordinatensystem und berechne die Koordinaten des Eckpunktes S. Es gilt: P (1|−2,5); Q (1|4); R (−2|5)

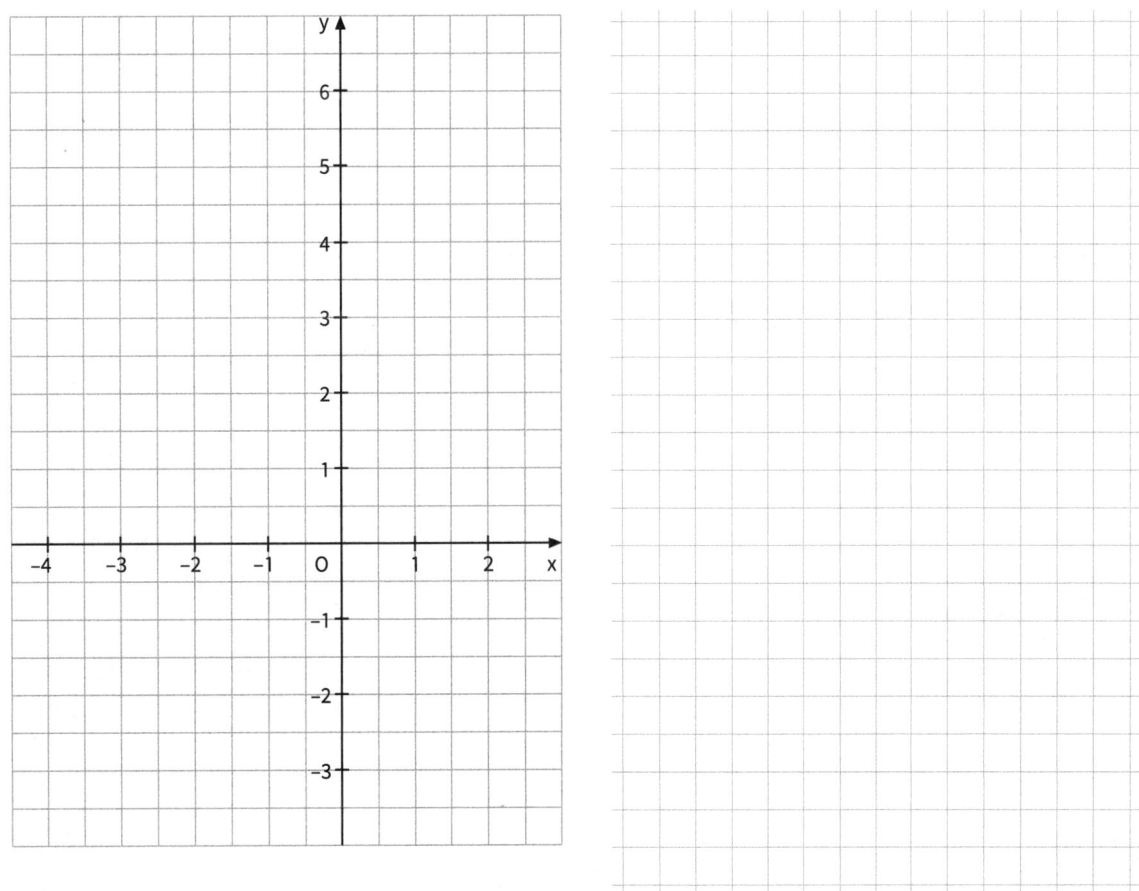

Abbildung durch Drehung

1. Der Punkt P wird um den Punkt Z mit dem Winkelmaß φ gedreht. Berechne die Koordinaten des Bildpunktes P'.

a) P(5,5|3); Z(1|2); $\varphi = 60°$

$\Rightarrow$ P'(☐ | ☐)

b) P(−2|−7); Z(−3|1); $\varphi = 135°$

2. Berechne die fehlenden Koordinaten.

$R(9|2,5) \xrightarrow{Z(5|y_Z); \varphi = 75°} R'(x_{R'}|5,25)$

3. Die angegebenen Punkte sind Ur- und Bildpunkt einer Drehung um das Drehzentrum Z. Berechne das Maß des Drehwinkels φ.

a) $A(8|0)$; $A'(6,7|1,7)$; $Z(5|-1)$

$$\overrightarrow{OA'} = \begin{pmatrix} \cos\varphi & -\sin\varphi \\ \sin\varphi & \cos\varphi \end{pmatrix} \odot \overrightarrow{ZA} \oplus \overrightarrow{OZ}; \qquad \overrightarrow{ZA} = \begin{pmatrix} \\ \end{pmatrix}; \overrightarrow{OZ} = \begin{pmatrix} \\ \end{pmatrix}$$

$$\begin{pmatrix} x' \\ y' \end{pmatrix} = \begin{pmatrix} \cos\varphi & -\sin\varphi \\ \sin\varphi & \cos\varphi \end{pmatrix} \odot \begin{pmatrix} x \\ y \end{pmatrix} \oplus \begin{pmatrix} x_Z \\ y_Z \end{pmatrix} \quad \begin{cases} \text{(I)} & x' = x \cdot \cos\varphi - y \cdot \sin\varphi + x_Z \\ \text{(II)} & y' = x \cdot \sin\varphi + y \cdot \cos\varphi + y_Z \end{cases}$$

(I) _____ = _____ · cos φ − _____ · sin φ + _____ |− _____

_____ = _____ · cos φ − _____ · sin φ |+ _____

_____ = _____ · cos φ |: _____

_____ =cos φ

(II) _____ = _____ · sin φ + _____ · cos φ + _____

(I) in (II) einsetzen: _____ = _____ · sin φ + _____ · (_____) + _____

nach sin φ umformen: _____

_____

> Überlege mithilfe einer Skizze, welcher Winkel richtig ist.

_____ | sin⁻¹

φ₁ = _____   φ₂ = _____   ⇒ φ = _____

b) $B(0,8|-2,4)$; $B'(-3|2)$; $Z(-2|-1)$

4. Verbinde die zum Sonderfall der Drehung gehörende Matrix- und Koordinatenform.

$\begin{pmatrix} -1 & 0 \\ 0 & -1 \end{pmatrix}$ | Drehung um $\varphi = 270°$ | Halbdrehung | $x' = y$
 $y' = -x$

$\begin{pmatrix} 0 & -1 \\ 1 & 0 \end{pmatrix}$ | Drehung um $\varphi = 180°$ | Volldrehung | $x' = -x$
 $y' = -y$

$\begin{pmatrix} 1 & 0 \\ 0 & 1 \end{pmatrix}$ | Drehung um $\varphi = 90°$ | Dreiviertel-drehung | $x' = -y$
 $y' = x$

$\begin{pmatrix} 0 & 1 \\ -1 & 0 \end{pmatrix}$ | Drehung um $\varphi = 360°$ | Vierteldrehung | $x' = x$
 $y' = y$

5. Das Dreieck ABC mit A (1|2) und B (5|1) ist gleichseitig.

a) Zeichne das Dreieck ABC in das Koordinatensystem und berechne die Koordinaten des Punktes C.

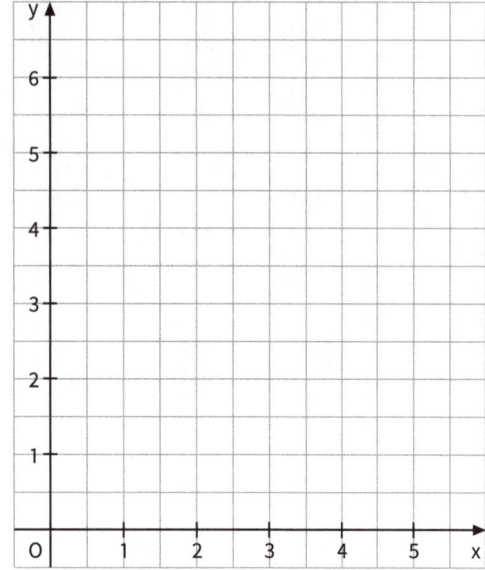

b) Berechne den Flächeninhalt des Dreiecks ABC.

Verknüpfung von Abbildungen

1. Was gehört zusammen? Färbe in der gleichen Farbe.

Parallelverschiebung

$$\begin{pmatrix} x' \\ y' \end{pmatrix} = \begin{pmatrix} x \\ y \end{pmatrix} \oplus \begin{pmatrix} x_v \\ y_v \end{pmatrix}$$

Drehung um den Ursprung

$$P(x|y) \xrightarrow{O(0|0);\ \varphi} P'(x'|y')$$

$$\begin{pmatrix} x' \\ y' \end{pmatrix} = \begin{pmatrix} \cos 2\varphi & \sin 2\varphi \\ \sin 2\varphi & -\cos 2\varphi \end{pmatrix} \odot \begin{pmatrix} x \\ y \end{pmatrix}$$

$$\begin{pmatrix} x' \\ y' \end{pmatrix} = k \cdot \begin{pmatrix} x \\ y \end{pmatrix}$$

Zentrische Streckung am Ursprung

$$P(x|y) \xrightarrow{y = m \cdot x} P'(x'|y')$$

$$P(x|y) \xrightarrow{Z(0|0);\ k} P'(x'|y')$$

$$P(x|y) \xrightarrow{\vec{v} = \begin{pmatrix} x_v \\ y_v \end{pmatrix}} P'(x'|y')$$

$$\begin{pmatrix} x' \\ y' \end{pmatrix} = \begin{pmatrix} \cos \varphi & -\sin \varphi \\ \sin \varphi & \cos \varphi \end{pmatrix} \odot \begin{pmatrix} x \\ y \end{pmatrix}$$

Achsenspiegelung an Ursprungsgeraden

2. Welche Abbildungen wurden hier hintereinander ausgeführt, um das orange Dreieck auf das grüne Dreieck abzubilden? Gib, falls vorhanden, mehrere Lösungsmöglichkeiten an.

(1)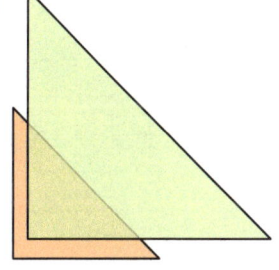

(2)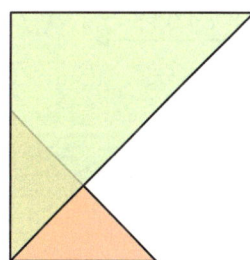

(3)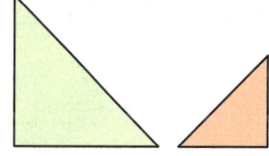

_____   _____   _____

_____   _____   _____

_____   _____   _____

3. Wahr oder falsch? Kreuze an.

	wahr	falsch
(1) Bei der Verknüpfung einer Drehung um Z(0|0) und einer zentrischen Streckung mit Z(0|0) kommt es nicht auf die Reihenfolge der Abbildungen an.	☐	☐
(2) Die Verknüpfung zweier Achsenspiegelungen kann durch eine Parallelverschiebung ersetzt werden.	☐	☐
(3) Die Achsenspiegelung ändert den Umlaufsinn einer Figur. Bei allen anderen uns bekannten Abbildungen bleibt er gleich.	☐	☐

4. Zeichne in das Koordinatensystem und berechne die Koordinaten des Bildpunktes.

a) $A(-2|-2) \xrightarrow{y=-1,5x} A' \xrightarrow{\vec{v}=\binom{-1}{1,5}} A''$

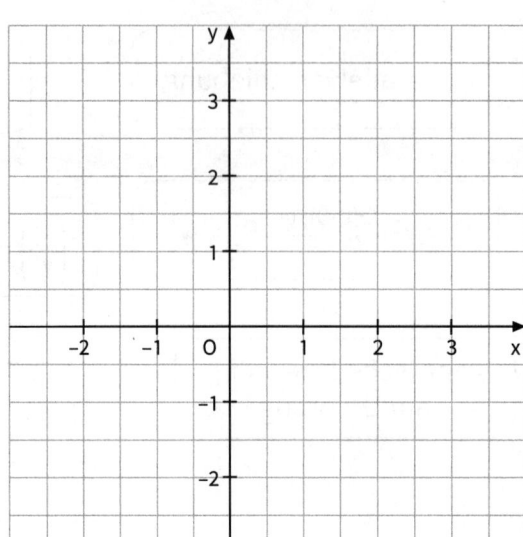

b) $B(4|-3) \xrightarrow{Z(0|1); \varphi=100°} B' \xrightarrow{Z(0|1); k=0,75} B''$

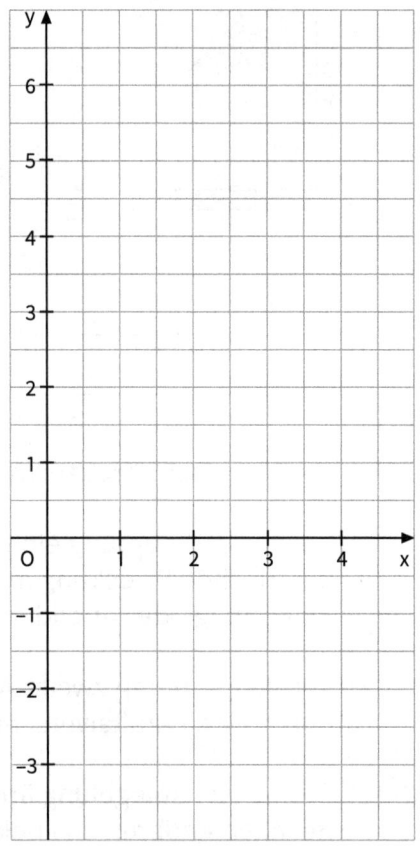

5. Für die Dreiecke AB_nC_n gilt: $A(0|0)$, $B_n \in g$: $y = 1,5x - 2$, $\sphericalangle B_nAC_n = 120°$ und $|\overline{AC_n}| = 2 \cdot |\overline{AB_n}|$. Die Variable x ist im Folgenden die x-Koordinate von B_n.

   a) Zeichne die Dreiecke AB_1C_1 für $x_1 = 0$ und AB_2C_2 für $x_2 = -1,5$ in das Koordinaten-system.

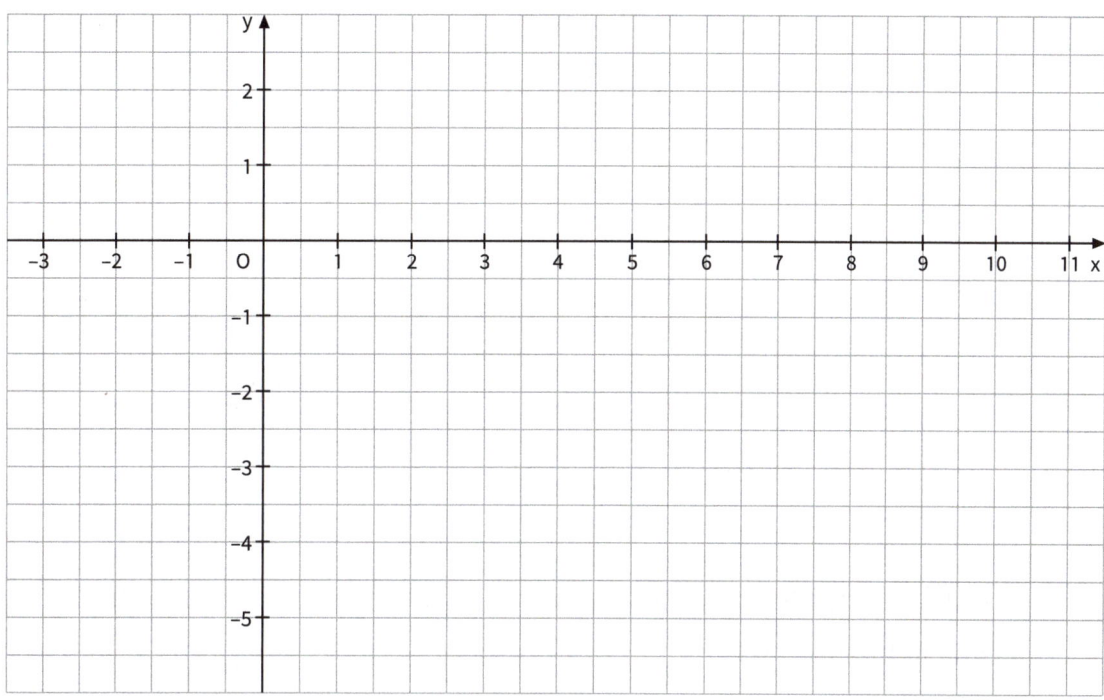

   b) Beschreibe, durch welche Abbildungen die Punkte B_n auf die Punkte C_n abgebildet werden können.

   _____

   _____

   c) Berechne die Koordinaten der Punkte C_n in Abhängigkeit von x.

Abbilden von Funktionsgraphen

1. Berechne die Funktionsgleichung des Bildgraphen.

a) $g: y = 3x - 2 \xrightarrow{Z(1|-3);\ k = 2,5} g'$

$P \in g: P(x \,|\,\text{_____})$

$$\overrightarrow{ZP} = \begin{pmatrix} \boxed{} - 1 \\ \boxed{} - (-3) \end{pmatrix} = \begin{pmatrix} \boxed{} \\ \boxed{} \end{pmatrix} \qquad \overrightarrow{OZ} = \begin{pmatrix} \boxed{} \\ \boxed{} \end{pmatrix}$$

$$\begin{pmatrix} x' \\ y' \end{pmatrix} = \overrightarrow{OZ} \oplus k \cdot \overrightarrow{ZP} = \begin{pmatrix} \boxed{} \\ \boxed{} \end{pmatrix} \oplus 2,5 \cdot \begin{pmatrix} \boxed{} \\ \boxed{} \end{pmatrix} = \begin{pmatrix} \boxed{} + \boxed{} \\ \boxed{} + \boxed{} \end{pmatrix} = \begin{pmatrix} \boxed{} \\ \boxed{} \end{pmatrix}$$

(I) $\qquad x' = \text{_____} \qquad |+ \text{\_\_\_\_\_}$ $\qquad\qquad$ (II) $y' = \text{_____}$

$\qquad x' + \text{_____} = \text{_____} \qquad |: \text{\_\_\_\_\_}$

$\qquad \text{_____} x' + \text{_____} = x$

(I) in (II) einsetzen: $y' = 7,5 \cdot (\text{_____} x' + \text{_____}) - 0,5$

ausmultiplizieren: $y' = \text{_____}$

zusammenfassen: $y' = \text{_____}$

Funktionsgleichung der Bildgeraden $g': y = \text{_____}$

b) $h: y = x^2 + 5x - 3,5 \xrightarrow{\vec{v} = \binom{-1}{7}} h'$

3. Potenzen und Potenzfunktionen

Potenzen – Grundlagen

1. Berechne ohne Hilfe des Taschenrechners die Werte folgender Terme.

a) $\left(\dfrac{2}{5}\right)^3$

b) $(-1{,}6)^2$

c) $(2-3{,}08)^0$

d) $0{,}01^2$

e) $1+\left(\dfrac{1}{2}\right)^{-2}$

f) $(-1)^{17}$

g) $1\,720^0-\left(\dfrac{1}{5}\right)^{-3}$

h) $5^{-3}:5^{-5}$

i) $4\cdot2^5+(-1)^3$

j) $0{,}5^{-1}$

N	E	N	N	O	E	P	X	T	E
−124	−1	2	5	0,0001	$\dfrac{8}{125}$	1	2,56	25	127

Lösungswort: _____

2. Vereinfache die folgenden Terme mithilfe der Potenzgesetze:

a) $\dfrac{a^5}{a^3}=$

b) $a^{-4}\cdot a^{2+k}=$

c) $a^3\cdot a^k:a^{k+3}=$

d) $\left(\sqrt{a}\right)^{-1}:\sqrt{a}=$

e) $\dfrac{(a+b)^{5+m}}{(a+b)^{m-3}}=$

f) $(a-b)^{3h+1}\cdot(a-b)^{1-2h}=$

3. Die Raumsonde Rosetta hat nach über 10-jähriger Flugzeit eine Strecke von rund $5{,}1\cdot10^8$ km zurückgelegt. Wie lange hätte ein Flugzeug mit einer Durchschnittsgeschwindigkeit von $1\,000\,\frac{km}{h}$ für die gleiche Entfernung gebraucht?

Potenzfunktionen der Form $y = x^n$ mit $n \in \mathbb{N}$

1. a) Ergänze die Wertetabelle zu den Funktionen
(1) $y = x^1$ (2) $y = x^2$ (3) $y = x^3$.

x	$y = x^1$	$y = x^2$	$y = x^3$
−3			
−2,5			
−2			
−1,5			
−1			
−0,5			
0			
0,5			
1			
1,5			
2			
2,5			
3			

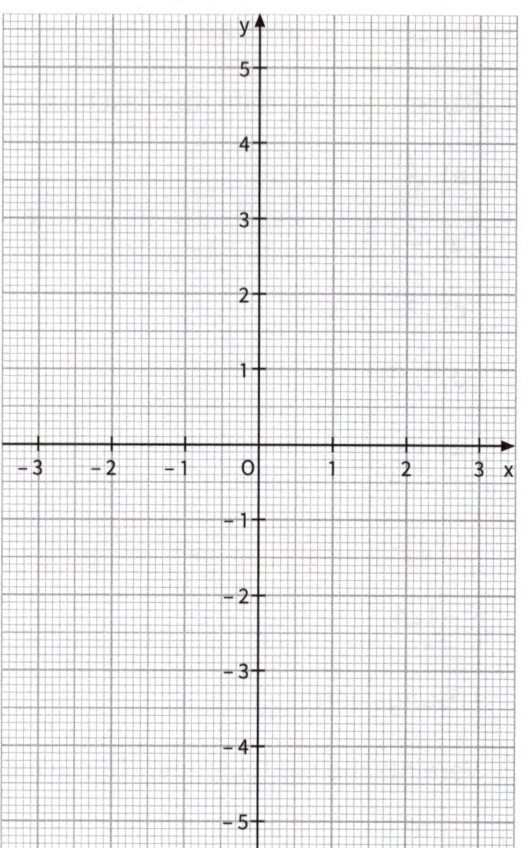

b) Zeichne die Graphen der Funktionen in das Koordinatensystem.

2. Ergänze die Tabellen ohne Taschenrechner. Nutze Symmetrieeigenschaften.

a)

x	x^3
1,3	2,197
1,9	
−1,3	
−1,9	−6,859

b)

x	x^2
0,8	0,64
1,4	
−0,8	
−1,4	

c)

x	x^1
1,2	
2,3	
−1,2	
−2,3	

3. Die Punkte liegen jeweils auf dem Graphen der Funktion. Bestimme die fehlende Koordinate.

a) $y = x^1$ $P_1(-2\,|\,\quad)$ $P_2(\quad|\,2)$ $P_3(\quad|\,2,5)$ $P_4(6\,|\,\quad)$

b) $y = x^2$ $P_1(-2\,|\,\quad)$ $P_2(-\quad|\,9)$ $P_3(+\quad|\,5)$ $P_4(-1,2\,|\,\quad)$

c) $y = x^3$ $P_1(-2\,|\,\quad)$ $P_2(\quad|\,125)$ $P_3(\quad|\,-64)$ $P_4(6\,|\,\quad)$

4. Überprüfe, welche der Punkte auf dem Graphen der Funktion liegen. Kreuze an.

a) $y = x^2$ ☐ $P_1(-21\,|\,441)$ ☐ $P_2(35\,|\,1\,225)$ ☐ $P_3(-17\,|\,-289)$ ☐ $P_4(52\,|\,2704)$

b) $y = x^3$ ☐ $P_1(-12\,|\,1\,728)$ ☐ $P_2(0,5\,|\,-0,125)$ ☐ $P_3(1,7\,|\,4,913)$ ☐ $P_4(-5,8\,|\,-195,112)$

Potenzfunktionen der Form $y = x^{-n}$ mit $n \in \mathbb{N}$

1. a) Ergänze die Wertetabelle zu den Funktionen   (1) $y = x^{-1}$ (2) $y = x^{-2}$.

x	−3	−2	−1,5	−1	−0,5	−0,25	0	0,25	0,5	1	1,5	2	3
$y = x^{-1}$													
$y = x^{-2}$													

b) Zeichne die Graphen der Funktionen.

2. Die Punkte liegen jeweils auf dem Graphen der Funktion. Bestimme die fehlenden Koordinaten.

a) $y = x^{-1}$ $P_1(-2\,|\,\underline{})$ $P_3(\underline{}\,|-0,4)$

$P_2(\underline{}\,|2)$ $P_4(8\,|\,\underline{})$

b) $y = x^{-2}$ $P_1(-2\,|\,\underline{})$ $P_3(-\underline{}\,|6,25)$

$P_2(-\underline{}\,|4)$ $P_4(6\,|\,\underline{})$

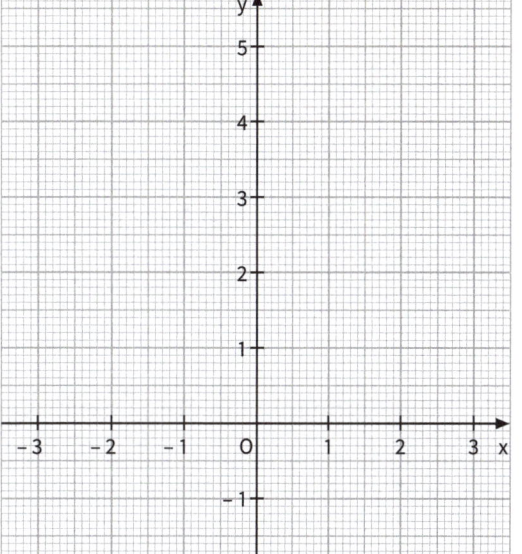

3. Überprüfe, welche der Punkte auf dem Graphen der Funktion liegen. Kreuze an.

a) $y = x^{-1}$

$\square$ $P_1(-7\,|-\frac{1}{7})$ $\square$ $P_3(-16\,|\,0,0625)$

$\square$ $P_2(8\,|-\frac{1}{8})$ $\square$ $P_4(0,2\,|\,5)$

b) $y = x^{-2}$

$\square$ $P_1(-21\,|\,\frac{1}{441})$ $\square$ $P_3(14\,|-\frac{1}{196})$

$\square$ $P_2(-0,6\,|-1,5625)$ $\square$ $P_4(0,1\,|\,0,01)$

4. Ergänze die Eigenschaften der Funktionen.

Funktion	$y = x^{-1}$	$y = x^{-2}$
Definitionsbereich		
Wertebereich		
Steigen/Fallen		
Nullstellen		
markante Punkte		

5. Für eine mechanische Schwingung gilt: $f = \frac{1}{T} = T^{-1}$. Dabei steht f für die Frequenz und T für die Periodendauer (bzw. Schwingungsdauer). Ergänze die Tabelle.

T (in s)	2		0,2		0,00005
f (in Hz)		0,7		25	

Potenzfunktionen der Form $y = x^{\frac{1}{n}}$ und $y = x^{-\frac{1}{n}}$ mit $n \in \mathbb{N}$

1. a) Ergänze die Wertetabelle.

x	−3	−1,5	0	0,5	1	2	3
$y = x^{\frac{4}{5}}$							
$y = x^{-\frac{4}{5}}$							
$y = x^{1,5}$							
$y = x^{-1,5}$							

b) Stelle die Graphen in dem Koordinaten-system dar.

c) Was stellst du fest bei $x < 0$?

_____

_____

Begründe mithilfe der Funktionsgleichung.

_____

_____

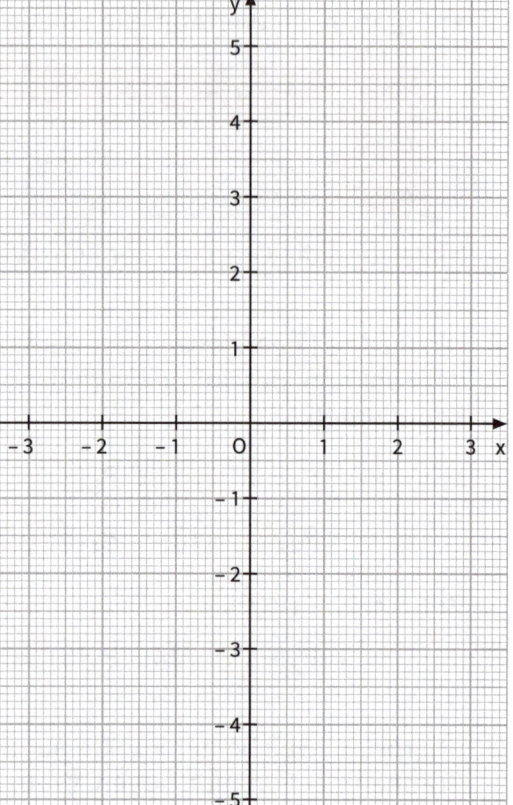

2. Gegeben sind Funktionen mit rationalen Exponenten.

a) Ordne die Graphen den zugehörigen Funktionsgleichungen zu.

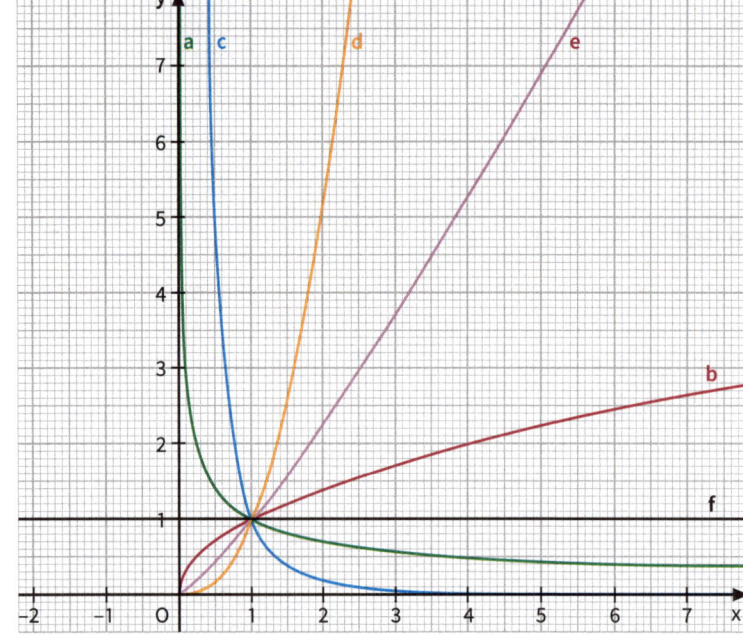

_____ (x) = $x^{-2,4}$

_____ (x) = $x^{-0,5}$

_____ (x) = x^{0}

_____ (x) = $x^{0,5}$

_____ (x) = $x^{1,2}$

_____ (x) = $x^{2,4}$

b) Auf den Funktionen liegen unterschiedliche Punkte. Ergänze die Lücken.

$P\,(4|0,5) \in$ _____　　$Q\,($_____$|1) \in f$　　$R\,(9|3) \in$ _____　　$S\,($_____$|4,5) \in e$

$T\,(1,5|2,65) \in$ _____　　$U\,($_____$|5,28) \in c$　　$V\,(0,11|$_____$) \in a$　　$W\,(1|1) \in$ _____

Allgemeine Potenzfunktion

1. Gegeben sind Funktionen f, die durch Änderungen an $f(x) = x^{-3}$ hervorgehen.
Ordne den Funktionsgraphen $f_1, ..., f_5$ die passenden Beschreibungen der Änderungen sowie die jeweiligen Funktionsgleichungen zu.

	Änderung	Graph
A	Verschiebung in x-Richtung um 1,5 Einheiten	
B	Verschiebung in y-Richtung um 3 Einheiten	
C	Spiegelung an der x-Achse	
D	Streckung um den Faktor 2 in y-Richtung	
E	Stauchung in y-Richtung mit dem Faktor 0,5	

f_1: _____

f_2: _____

f_3: _____

f_4: _____

f_5: _____

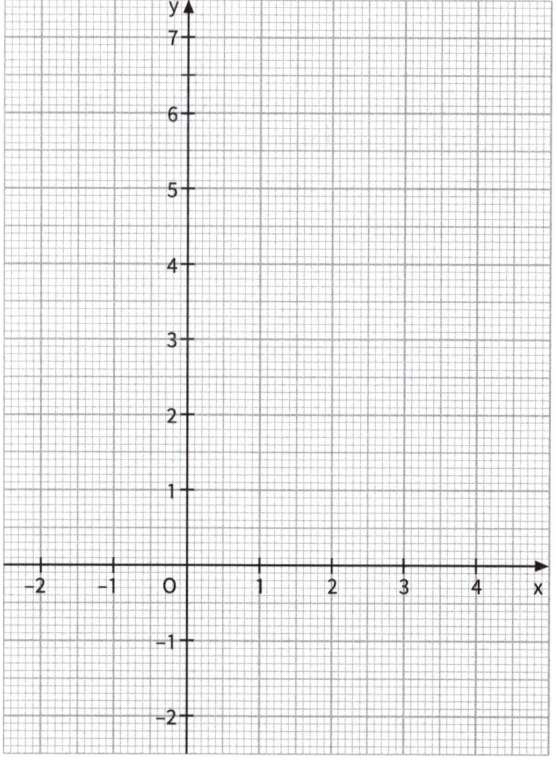

2. Gegeben ist die Funktion f mit der Gleichung $y = x^{-5} + 2$.

a) Zeichne f in das Koordinatensystem ein und gib die Eigenschaften an:

D = _____   W = _____

Asymptoten: _____

b) Ermittle rechnerisch die Gleichung der Umkehrfunktion f^{-1} und zeichne diese ein.

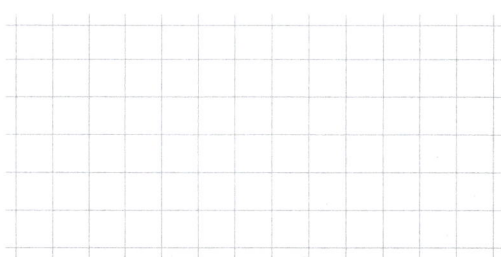

c) Der Graph zu f wird mit dem Vektor $\vec{v} = \begin{pmatrix} 3 \\ -1,5 \end{pmatrix}$ auf f' abgebildet. Gib die Gleichung zu f' an und zeichne den Graphen in das Koordinatensystem ein.

_____

_____

3. Gegeben ist die Funktion f mit der Gleichung $y = 0{,}25(x + 1)^4 - 3$.

    a) Gib die Definitions- und Wertemenge an.   D = _____   W = _____

    b) Zeichne den Graphen f in ein geeignetes Koordinatensystem.

    c) Fülle die Lücken zur Bestimmung der Gleichung der Umkehrfunktion f^{-1}.
        Zeichne ebenso den zugehörigen Graphen in das Koordinatensystem ein.

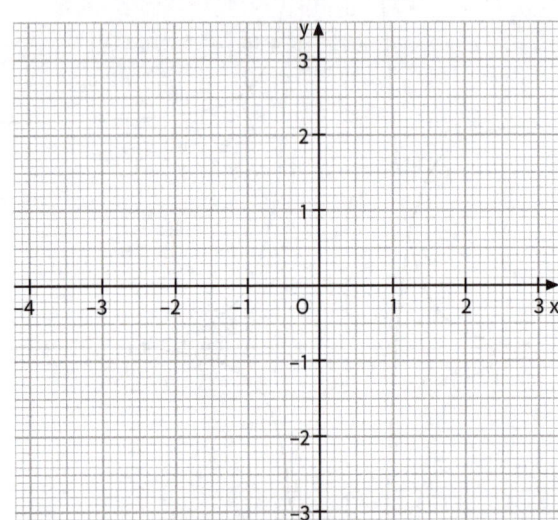

$y = 0{,}25\,(x + 1)^4 - 3$

$x =$ _____ | + _____

_____ | : _____

_____

_____

_____

$f^{-1}(x) =$ _____

D = _____   W = _____

    d) Die Potenzfunktion f wird verschoben auf Funktionen der folgenden Gleichungen.
        Ermittle die jeweiligen Koordinaten der Verschiebungsvektoren $\vec{v_n}$.

    $f_1': y = 0{,}25\,(x + 2)^4 - 2{,}2$ $f_2': y = 0{,}25\,(x - 3{,}5)^4 + 4$ $f_3': y = 0{,}25\,(x + 1{,}5)^4 - 2$

$$\vec{v_1} = \begin{pmatrix} \\ \end{pmatrix} \qquad \vec{v_2} = \begin{pmatrix} \\ \end{pmatrix} \qquad \vec{v_3} = \begin{pmatrix} \\ \end{pmatrix}$$

4. Die Gleichung der Hyperbel h hat die Form $y = a\,(x - b)^{-1} + c$. Die Asymptoten der Hyperbel haben die Gleichungen $y = 2$ und $x = -3$. Außerdem liegt der Punkt $P(-4{,}5\,|\,1{,}5)$ auf der Hyperbel h.

    a) Ermittle die Gleichung der Hyperbel h.

    b) Zeichne die Asymptoten sowie den Graphen der Hyperbel h in das Koordinatensystem.

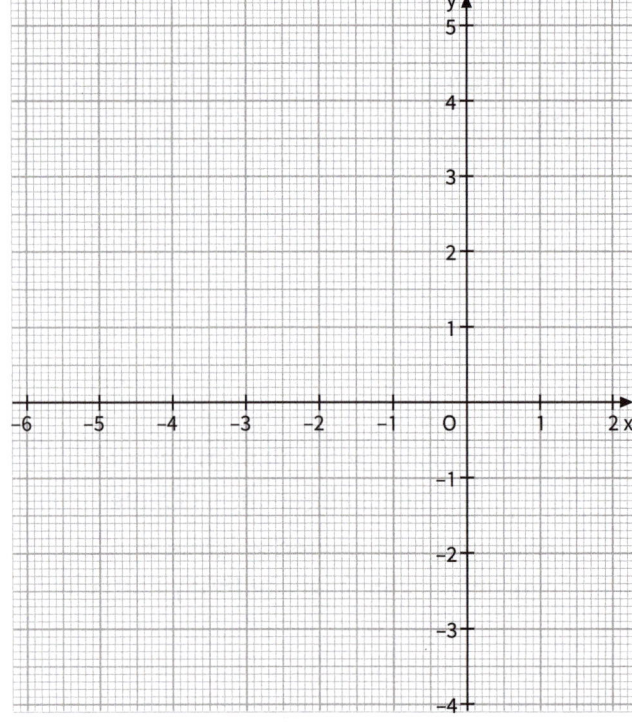

Vermischte Übungen

1. Ermittle die Werte- und Definitionsmengen der Funktionen und ordne die Ausgangs- und Umkehrfunktionen einander zu.

$y = x^{\frac{1}{3}}$ D = _____   W = _____   Ⓐ   Ⓑ $y = x^3$ D = _____   W = _____

$y = x^{-5} - 2$ D = _____   W = _____   Ⓒ   Ⓓ $y = \dfrac{1}{\sqrt{x-3}}$ D = _____   W = _____

$y = x^{-2} + 3$ D = _____   W = _____   Ⓔ   Ⓕ $y = x^2 - 1$ D = _____   W = _____

$y = \sqrt{x+1}$ D = _____   W = _____   Ⓖ   Ⓗ $y = (x+1)^{\frac{1}{4}} + 2$ D = _____   W = _____

$y = (x-2)^4 - 1$ D = _____   W = _____   Ⓘ   Ⓙ $y = (x+2)^{-\frac{1}{5}}$ D = _____   W = _____

2. Gegeben sind die folgenden Funktionen f_1 und f_2 für $x \geq 0$.

a) Fülle die Wertetabellen aus und zeichne die Graphen der Funktionen und ihrer Umkehrfunktionen durch Spiegelung an $y = x$ in das nebenstehende Koordinatensystem ein.

$f_1: y = x^{-\frac{1}{5}}$

x	0	0,5	1	1,5	2	2,5	3
$y = x^{-\frac{1}{5}}$							

$f_2: y = x^{1,8}$

x	0	0,5	1	1,5	2	2,5	3
$y = x^{1,8}$							

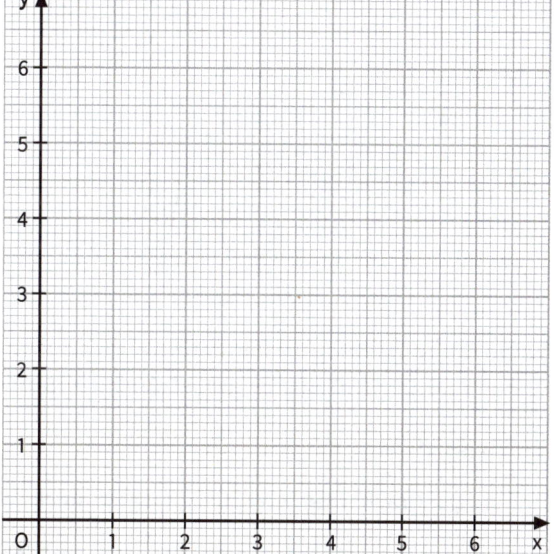

b) Ermittle auch die Gleichungen der Umkehrfunktionen.

3. Bestimme die Gleichung der Umkehrfunktion. Fülle die Lücken.

a) $y = x^{-3} + 2$

D = _____   W = _____

x = _____ | − 2

_____

_____

$f^{-1}(x) =$ _____

D = _____   W = _____

b) $y = (x + 1)^{0,4}$

D = _____   W = _____

x = _____ | ___

_____

_____

$f^{-1}(x) =$ _____

D = _____   W = _____

4. Ordne den Graphen die zugehörigen Funktionsgleichungen zu.

(1)

(2)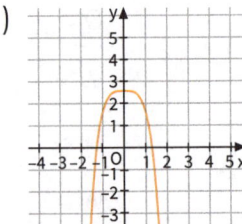

(3)

(A) $y = (x - 2)^{-3} + 1$

(B) $y = 0,5x^{-1}$

(C) $y = -x^4 + 2,5$

(D) $y = -0,75(x + 1)^3$

(E) $y = 1,8(x - 3)^{-2} - 2,4$

(F) $y = -3x^{-4} + 1,5$

(4)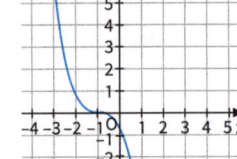

(5)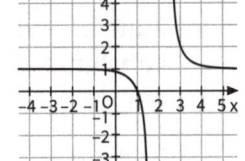

(6)

5. Sind die Aussagen für Potenzfunktionen der Form $y = x^c$ mit $c \in \mathbb{Q}$ richtig oder falsch? Kreuze an und stelle gegebenenfalls richtig.

Behauptung	richtig	falsch
(1) Der Graph jeder Potenzfunktion geht durch den Punkt P(1|1).	☐	☐
(2) Jede Potenzfunktion, deren Exponent gerade und ganzzahlig ist, hat einen Graphen, der symmetrisch zur y-Achse ist.	☐	☐
(3) Jede Potenzfunktion, die einen ungeraden ganzzahligen Exponenten hat, hat zwei Nullstellen.	☐	☐
(4) Wenn die Potenzfunktionen $y = x^2$ und $y = x^4$ die Punkte (0|0), (−1|1) und (1|1) gemeinsam haben, schneiden sich die Graphen dreimal.	☐	☐
(5) Alle Potenzfunktionen mit negativem ganzzahligem Exponenten haben einen achsensymmetrischen Graphen.	☐	☐

Richtigstellung: _____

_____

4. Exponential- und Logarithmusfunktionen

Lineares und exponentielles Wachstum

1. Carla spart für eine Reise. Zum 17. Geburtstag machen ihr die Eltern folgende Angebote:

> *Angebot A:* Carla erhält sofort 200 € und bis zum 18. Geburtstag monatlich 10 €.
> *Angebot B:* Carla erhält 3 €, dann jeden Monat bis zum 18. Geburtstag das Eineinhalbfache des im Vormonat erhaltenen Betrages (Carlas Eltern rechnen auch mit den Centbruchteilen, notieren aber die gerundeten Werte).

a) Ergänze die Tabelle bis zum 18. Geburtstag.

Kontostände		
	Angebot A	**Angebot B**
17. Geburtstag	200 €	3,00 €
1. Monat		4,50 €
2. Monat		6,75 €
3. Monat		10,13 €
4. Monat		
5. Monat		
6. Monat		
7. Monat		
8. Monat		
9. Monat		
10. Monat		
11. Monat		
18. Geburtstag		

Zum Vergleich notiert Carla die monatlichen Kontostände in einer Tabelle.
Beschreibe die Entwicklung der Kontostände bei beiden Angeboten.

Angebot A: _____

_____

_____

_____

_____

_____

Angebot B: _____

_____

_____

_____

_____

_____

b) Die monatlichen Zahlungen sollen bei beiden Angeboten noch ein Jahr fortgesetzt werden. Wie werden sich die Kontostände jeweils entwickeln?

Angebot A: _____

_____

_____

Angebot B: _____

_____

_____

c) Veranschauliche die Entwicklung der Kontostände bei beiden Angeboten.

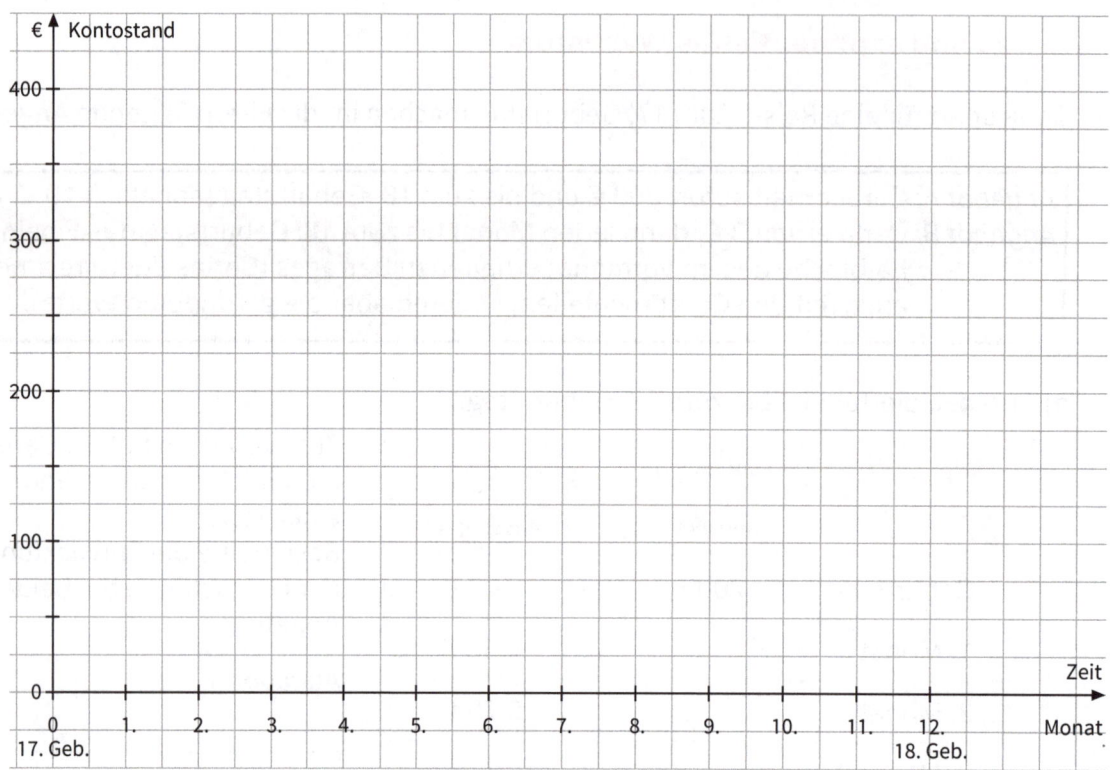

d) Gib die zugehörigen Funktionsgleichungen an. Welches Wachstum liegt vor?

Angebot A: _____   _____

Angebot B: _____   _____

2. Eine Bakterienkultur besteht um 10:00 Uhr aus 100 Bakterien und wächst stündlich mit dem Wachstumsfaktor 1,4.

a) Ergänze die Tabelle. Runde auf Ganze.

Zeit	10:00 Uhr	11:00 Uhr	12:00 Uhr	13:00 Uhr	14:00 Uhr	15:00 Uhr
Anzahl der Bakterien	100					

b) Beschreibe das Wachstum mithilfe einer Funktionsgleichung

(x = Zeit in Stunden und y = Anzahl der Bakterien): y = _____

c) Finde durch Probieren:
(1) Wann hat sich die Anzahl der Bakterien verzehnfacht?

_____

_____

(2) Wann waren es nur 50 Bakterien?

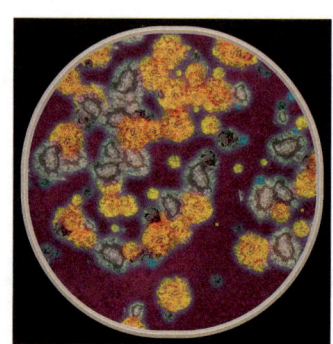

_____

_____

Lineare und exponentielle Abnahme

1. Die Firma Grüne kauft für 82 000 € eine neue Maschine. Der Wert der Maschine nimmt jedes Jahr ab. Es gibt verschiedene Berechnungsmodelle, z. B.:

(1) Der Wert der Maschine nimmt jedes Jahr um 10 % des Neuwertes ab, also um 8 200 €.

(2) Nach jeweils einem Jahr besitzt die Maschine nur noch das 0,8-Fache des Wertes aus dem Vorjahr.

a) Berechne den Wert der Maschine nach beiden Berechnungsmodellen.

(1)

Alter der Maschine (in Jahren)	0	1	2	3	4	6	8
Wert der Maschine (in €)	82 000						

-8200

(2)

Alter der Maschine (in Jahren)	0	1	2	3	4	6	8
Wert der Maschine (in €)	82 000	65 600	52 480				

$\cdot 0,8$ $\cdot 0,8$

b) Stelle die Wertentwicklung der Maschine für beide Berechnungsmodelle grafisch dar. Verwende unterschiedliche Farben.

c) Beantworte anhand der Graphen für jedes Berechnungsmodell:

	Modell (1)	Modell (2)
Wann hat sich der Wert der Maschine halbiert?		
Wann liegt der Wert der Maschine bei 0 €?		

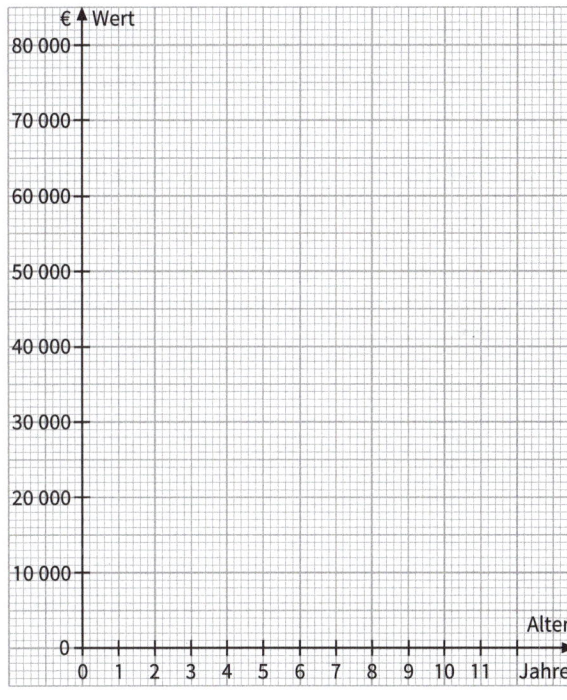

d) Was kannst du den Graphen auf einem Blick entnehmen? Formuliere drei Aussagen mithilfe der angegebenen Satzbausteine.

_____

_____

_____

_____

_____

die Steigung bleibt gleich

der Wert ist nach ungefähr _____ Jahren gleich

fällt zunächst schneller als

starten bei

Exponentialfunktionen der Formen $y = a^x$ und $y = k \cdot a^x$

1. a) Ergänze die Wertetabelle zu den Funktionen   (1) $y = 1{,}4^x$;   (2) $y = 0{,}7^x$.

x	−7	−6	−5	−4	−3	−2	−1	0	1	2	3	4	5	6
$y = 1{,}4^x$														
$y = 0{,}7^x$														

b) Zeichne die Graphen der Funktionen. Kennzeichne den markanten Punkt.

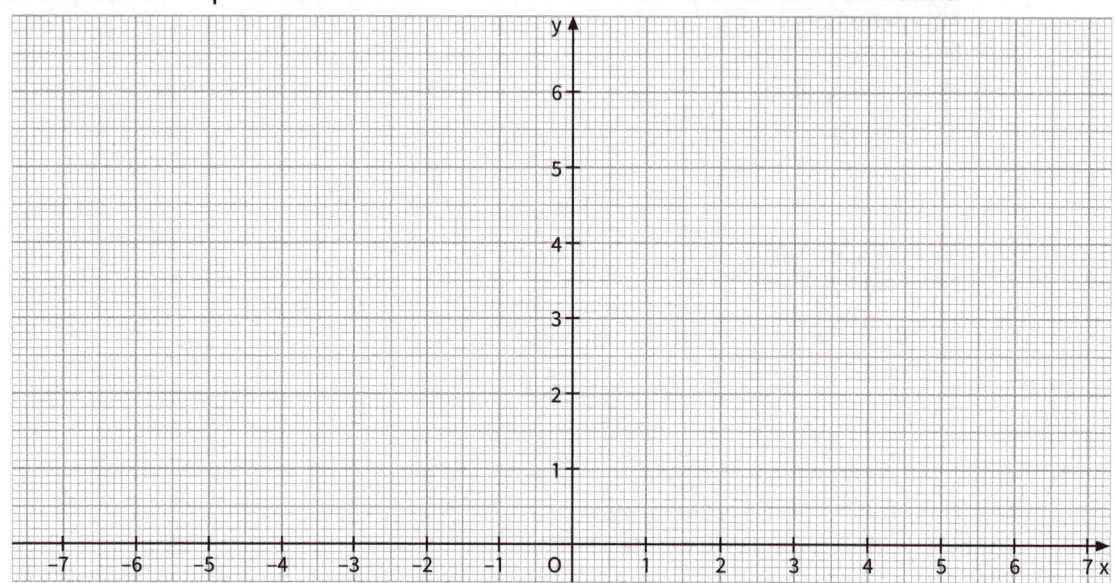

2. a) Ergänze die Wertetabelle zu den Funktionen (1) $y = 1{,}2^x$; (2) $y = 0{,}5 \cdot 1{,}2^x$; (3) $y = 2 \cdot 1{,}2^x$.

x	−7	−6	−5	−4	−3	−2	−1	0	1	2	3	4	5	6
$y = 1{,}2^x$														
$y = 0{,}5 \cdot 1{,}2^x$														
$y = 2 \cdot 1{,}2^x$														

b) Zeichne die Graphen der Funktionen.

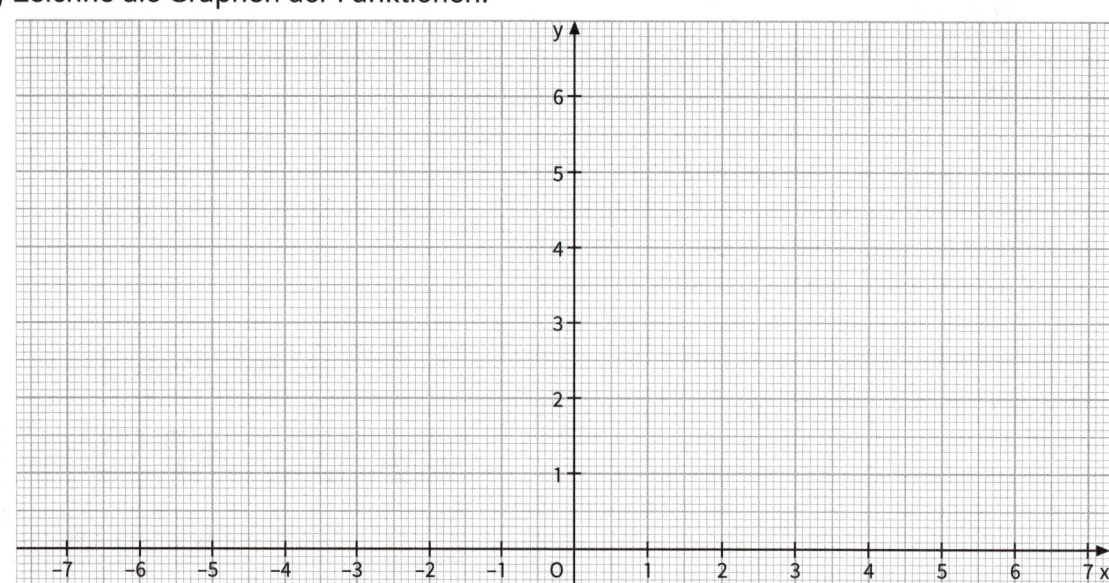

c) Faktor 0,5 bewirkt _____.   Faktor 2 bewirkt _____.

Exponentialfunktionen der Form $y = k \cdot a^{x-b} + c$

1. Zeichne die gegebenen Funktionen mit einem grafikfähigen Taschenrechner oder einer Geometriesoftware. Fülle dann die Tabelle passend aus.

	Der Graph der Funktion		Definitions- und Wertemenge	Asymptote
	fällt	steigt		
$f: y = -1{,}5 \cdot 3^{x+2} + 7$				
$g: y = 7 \cdot 3^{x-4} - 2{,}5$				
$h: y = -3^{x+4{,}5} - 6$				

2. Der Graph der Funktion f wird durch Parallelverschiebung mit dem Vektor $\vec{v}$ auf den Graphen der Funktion f′ abgebildet. Berechne die Funktionsgleichung von f′.

a) $f: y = 0{,}75 \cdot 1{,}5^{x-3} - 6; \ \vec{v} = \begin{pmatrix} 2{,}5 \\ -4 \end{pmatrix}$

$$\begin{pmatrix} x' \\ y' \end{pmatrix} = \begin{pmatrix} \underline{}^{x} \\ \underline{} \end{pmatrix} \oplus \begin{pmatrix} \underline{} \\ \underline{} \end{pmatrix}$$

$x' = x + \underline{}$ also gilt: $x = \underline{}$

$y' = \underline{} + \underline{} = \underline{}$

Einsetzen: $y' = 0{,}75 \cdot 1{,}5^{\underline{} - 3} - 10$

$= 0{,}75 \cdot 1{,}5^{\underline{}} - 10$

$f': y = \underline{}$

b) $f: y = 0{,}5 \cdot 8^{x+2} - 3{,}5; \ \vec{v} = \begin{pmatrix} -3 \\ 4{,}5 \end{pmatrix}$

c) $f: y = 2 \cdot 3^{x-8} + 3; \ \vec{v} = \begin{pmatrix} 2{,}5 \\ -1 \end{pmatrix}$

Der Logarithmus einer Zahl zur Basis a – Logarithmengesetze

1. Berechne den Wert der Variable.

a) $3^x = 81$

c) $2^{r-4} = 32$

e) $2^{3b-4} = 32$

> **Basis bleibt Basis!**

b) $0,5^z = 16$

d) $7,5^{3t} = 56,25$

2. Löse die Gleichung.

a) $\log_3 y = 4$

c) $\lg z = -2$

e) $\lg r = 6$

> $\log_{10} b = \lg b$

b) $\log_a 256 = 4$

d) $\log_a 0,125 = 3$

f) $\log_a 343 = 3$

3. Färbe Felder mit zusammengehörenden Termen in der gleichen Farbe.

$3\log_a 18 - 3\log_a 9$

$\log_a xz$

$\dfrac{1}{3}\log_a x - \dfrac{1}{3}\log_a z$

$\log_a \sqrt[3]{\dfrac{x}{z}}$

$\log_a x + \log_a z$

$\log_a x^{11}$

$\log_a x^{15} - \dfrac{\log_2 x^4}{\log_2 a}$

$2\log_a x + 0,5\log_a y$

$\log_a x^2 \sqrt{y}$

$\log_a 8$

Lösen von Exponentialgleichungen

1. Löse die Gleichung durch Exponentenvergleich.

a) $4^{2x+3} = 64^{x-2}$

$4^{2x+3} = (4 \underline{\quad})^{x-2}$

$4^{2x+3} = 4 \underline{\quad} \cdot (x-2)$

Exponentenvergleich:

$2x + 3 = \underline{\hspace{4cm}}$

$\underline{\hspace{5cm}}$

$\underline{\hspace{5cm}}$

b) $9^{x-3} = 27^{x+7}$

c) Wann bietet sich die Verwendung des Exponentenvergleich an?

$\underline{\hspace{9cm}}$

$\underline{\hspace{9cm}}$

2. Löse die Gleichung durch Logarithmieren.

a) $3^x = 2^{x+2}$

Logarithmieren beider Seiten
(Basis egal, üblich 10):

$\lg \underline{\quad\quad} = \lg \underline{\quad\quad}$

Logarithmengesetze anwenden:

$\underline{\quad} \cdot \lg \underline{\quad} = (\underline{\quad\quad}) \cdot \lg \underline{\quad}$

$\underline{\quad} \cdot \lg \underline{\quad} = \underline{\quad} \cdot \lg \underline{\quad} + \underline{\quad} \lg \underline{\quad}$

Terme mit x auf eine Seite bringen:

$\underline{\quad} \cdot \lg \underline{\quad} - \underline{\quad} \lg \underline{\quad} = \underline{\quad} \cdot \lg \underline{\quad}$

$x \cdot (\lg \underline{\quad} - \lg \underline{\quad}) = \underline{\quad} \cdot \lg \underline{\quad}$

$x = \dfrac{\underline{\quad} \cdot \lg \underline{\quad}}{\lg \underline{\quad} - \lg \underline{\quad}}$

$x = \underline{\quad\quad}$

b) $7^{x+2,5} = 2 \cdot 4^{x-1}$

Logarithmusfunktionen der Formen $y = \log_a b$ und $y = k \cdot \log_a b$

1. a) Ergänze die Wertetabelle zu den angegebenen Funktionen.

x	0	1	2	3	4	5	6	7	8	9	10	11	12	13
$y = \log_{\frac{1}{5}} x$														
$y = \log_5 x$														

b) Zeichne die Graphen der Funktionen.

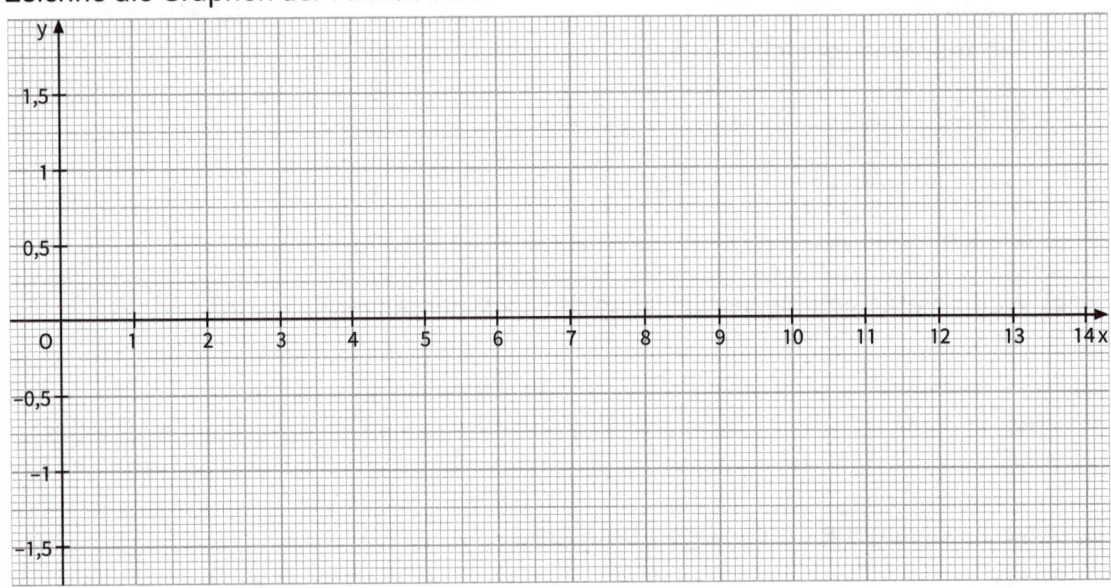

2. a) Ergänze die Wertetabelle zu den angegebenen Funktionen.

x	0	1	2	3	4	5	6	7	8	9	10	11	12
$y = \log_2 x$													
$y = 0{,}5 \cdot \log_2 x$													
$y = 2 \cdot \log_2 x$													

b) Zeichne die Graphen der Funktionen.

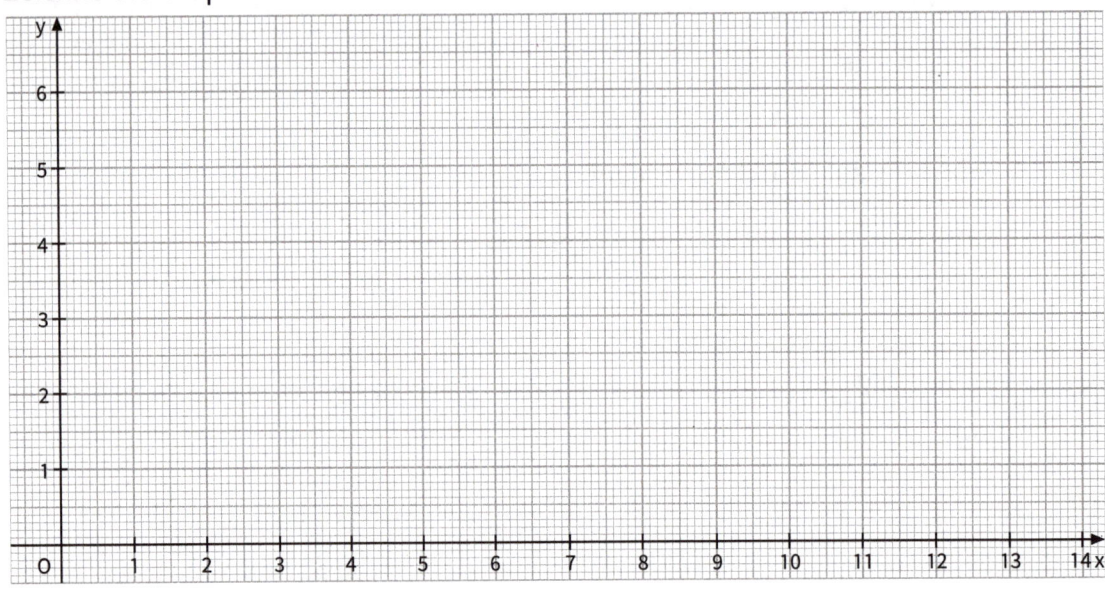

c) Faktor 0,5 bewirkt _____.   Faktor 2 bewirkt _____.

Logarithmusfunktionen der Form $y = k \cdot \log_a (x - b) + c$

1. Zeichne die gegebenen Funktionen mit einem grafikfähigen Taschenrechner oder einer Geometriesoftware. Fülle dann die Tabelle passend aus.

	Der Graph der Funktion		Definitions- und Wertemenge	Asymptote
	fällt	steigt		
f: $y = \log_2 (x + 3) + 1$				
g: $y = 2 \cdot \log_5 (x - 6) + 4$				
h: $y = 0{,}5 \cdot \log_{0,5} (x + 9)$				

2. Der Graph der Funktion f wird durch Parallelverschiebung mit dem Vektor $\vec{v}$ auf den Graphen der Funktion f′ abgebildet. Berechne die Funktionsgleichung von f′.

a) f: $y = 1{,}5 \cdot \log_3 (x - 4) + 2$; $\vec{v} = \begin{pmatrix} 7 \\ -5 \end{pmatrix}$

$$\begin{pmatrix} x' \\ y' \end{pmatrix} = \begin{pmatrix} x \end{pmatrix} \oplus \begin{pmatrix} \\ \end{pmatrix}$$

$x' = x + $ _____ also gilt: $x = $ _____

$y' = $ _____ $+$ _____ $= $ _____

Einsetzen: $y' = 1{,}5 \cdot \log_3 ($ _____ $- 4) - 3$

$= 1{,}5 \cdot \log_3 ($ _____ $) - 3$

f′: $y = $ _____

b) f: $y = 0{,}4 \cdot \log_2 (x + 1) - 3{,}5$; $\vec{v} = \begin{pmatrix} -3 \\ 5{,}5 \end{pmatrix}$

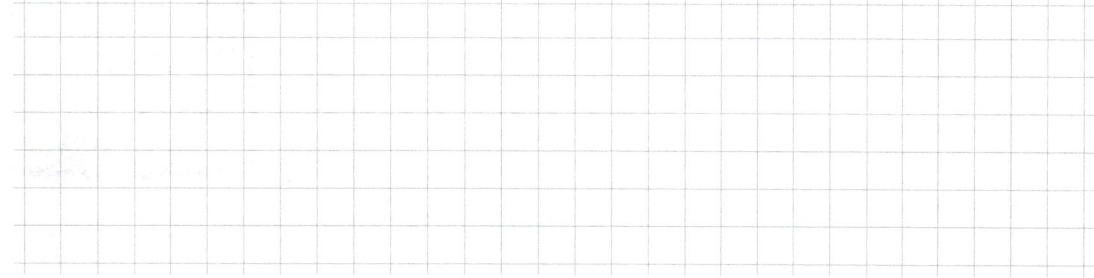

c) f: $y = 2 \cdot \log_5 (x - 2) + 3$; $\vec{v} = \begin{pmatrix} 4 \\ -2 \end{pmatrix}$

5. Zufällige Ereignisse und ihre Wahrscheinlichkeiten

Zufallsexperimente und Wahrscheinlichkeiten – Grundlagen

1. Lea zieht eine Karte aus einem Skatspiel.

a) Gib die Wahrscheinlichkeit für folgende Ergebnisse an:

(1) Lea zieht den Herz-König   P = _____

(2) Lea zieht eine Karo-Karte   P = _____

(3) Lea zieht eine Dame   P = _____

(4) Lea zieht ein Ass   P = _____

b) Gib zu den Wahrscheinlichkeiten ein passendes Ergebnis an.

(1) $P = \frac{4}{32}$ _____

(2) $P = \frac{1}{2}$ _____

c) Lea spielt nun mit ihrer Schwester. Es wird eine Karte gezogen. Gib Leas Gewinnchance an. Lea gewinnt, wenn die Karte

(1) rot ist, _____   (3) Pik oder Bube oder Dame ist, _____

(2) keine 7, 8 oder 9 ist, _____   (4) nicht Karo ist. _____

2. In einem Behälter sind 1 rote, 2 blaue, 3 grüne und 4 gelbe Kugeln.

a) Wie hoch ist die Wahrscheinlichkeit, dass eine entsprechende Farbkugel beim einmaligen Versuch gezogen wird? Gib als Bruch, Dezimalzahl und in Prozent an.

rote Kugel: ――― = _____ = _____ %

blaue Kugel: ――― = _____ = _____ %

grüne Kugel: ――― = _____ = _____ %

gelbe Kugel: ――― = _____ = _____ %

b) Berechne die Wahrscheinlichkeit für folgende Ereignisse:

E_1: Es wird eine rote oder blaue Kugel gezogen. $P(E_1) =$ _____ %

E_2: Es wird keine grüne Kugel gezogen. $P(E_2) =$ _____ %

c) Beschreibe ein Ereignis, das die Wahrscheinlichkeit 60 % hat.

_____

_____

3. a) Ergänze die Tabelle und zeichne ein Glücksrad mit folgenden Wahrscheinlichkeiten:

Farbe	Wahrscheinlichkeit	Winkel
rot	40 %	
grün	25 %	
blau	20 %	
gelb		

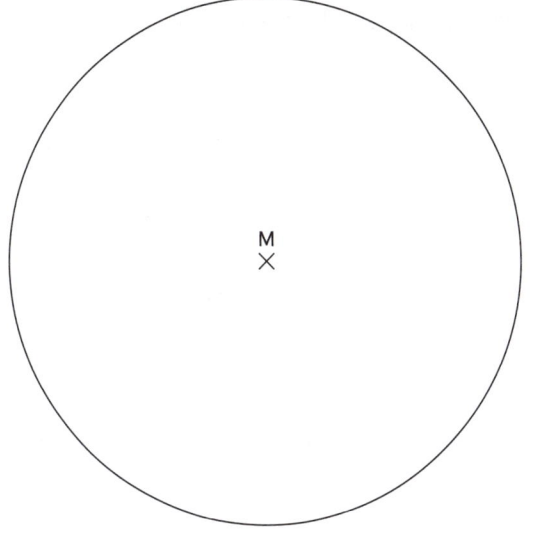

b) Das Glücksrad wird einmal gedreht. Wie groß ist die Wahrscheinlichkeit grün oder blau zu drehen?

P (grün oder blau) = _____

c) Das Glücksrad wird zweimal gedreht. Wie groß ist die Wahrscheinlichkeit zweimal rot zu drehen?

P (zweimal rot) = _____

4. Wie lautet das Gegenereignis?

a) Mit einem Würfel wird eine ungerade Zahl geworfen.

_____

b) In einer Familie mit fünf Kindern gibt es mindestens drei Mädchen.

_____

c) Bei drei Schüssen auf das Tor werden drei Treffer erzielt.

_____

5. In einem Gefäß sind 49 Kugeln mit den Zahlen 1 bis 49. Eine Kugel wird verdeckt gezogen. Formuliere für folgende Ereignisse das Gegenereignis und bestimme die Wahrscheinlichkeit.

a) A: Die Zahl ist eine ungerade Zahl.   günstige Ergebnisse: _____

$\overline{A}$: _____   mögliche Ergebnisse: _____

P(A) = _____   P($\overline{A}$) = _____

b) B: Die Zahl ist ein Teiler von 48.   P(B) = _____

$\overline{B}$: _____   P($\overline{B}$) = _____

c) C: Die Zahl ist zweistellig und nicht durch 4 teilbar.

$\overline{C}$: _____

P(C) = _____   P($\overline{C}$) = _____

Mehrstufige Zufallsexperimente – Pfadregeln

1. Das Glücksrad wird zweimal gedreht.

a) Schreibe alle möglichen Ergebnisse auf.

_____

_____

b) Liegt ein Laplace-Experiment vor? Begründe.

_____

c) Bestimme die Wahrscheinlichkeiten für folgende Ereignisse:

A: Zweimal die gleiche Farbe   P(A) = _____

B: Einmal Rot   P(B) = _____

C: Keinmal Gelb   P(C) = _____

2. Das Glücksrad wird zweimal gedreht.

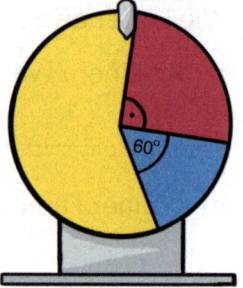

a) Vervollständige das Baumdiagramm und schreibe an die einzelnen Zweige die zugehörigen Wahrscheinlichkeiten.

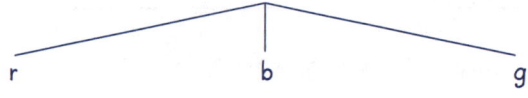

r   b   g

b) Bestimme die Wahrscheinlichkeit für folgende Ereignisse:

A: Zweimal die gleiche Farbe   P(A) = _____

B: Genau einmal Rot   P(B) = _____

C: Keinmal Gelb   P(C) = _____

c) Folgendes Spiel wird für eine Benefizveranstaltung verabredet. Man gewinnt 20 €, wenn das Rad zunächst auf Blau und danach auf Rot stehen bleibt. Sonst verliert man. Der Einsatz beträgt 1 €. Das Spiel wird 1 000-mal durchgeführt. Mit welchem Gewinn kann der Veranstalter rechnen?

Antwort: _____

Allgemeiner Hinweis:

Neben den vorgeschlagenen Lösungswegen kann es weitere Lösungsmöglichkeiten geben, die aber nicht jedes Mal angegeben werden.

Das Rechnen mit Zwischenergebnissen kann zu geringfügigen Abweichungen von den angegebenen Ergebnissen führen. Es empfiehlt sich, wenn eben möglich, mit der „ANS-Taste" weiterzurechnen.

Kammrätsel

1

					1 V	I	E	R				
				2 P	R	I	S	M	A			
3 S	T	R	E	C	K	E						
			4 A	E	H	N	L	I	C	H		
5 R	A	D	I	Z	I	E	R	E	N			
				6 P	A	R	A	B	E	L		
					7 F	U	E	N	F			
			8 H	Y	P	O	T	E	N	U	S	E
			9 T	H	A	L	E	S	K	R	E	I	S
			10 T	A	N	G	E	N	S			

VIEL ERFOLG!

1. Trigonometrie

Berechnungen in rechtwinkligen Dreiecken – Grundlagen

2

1. a) $x = \sqrt{6,8^2 + 3,5^2}$ cm $\approx 7,65$ cm   (x rot; 6,8 cm umd 3,5 cm blau)

b) $y = \sqrt{5,3^2 - 4,0^2}$ dm $\approx 3,48$ dm   (5,3 dm rot; y und 4,0 dm blau)

c) $z = \sqrt{7,2^2 - 4,8^2}$ m $\approx 5,37$ m   (7,2 m rot; z und 4,8 m blau)

2. *Es sind auch andere Lösungswege als die angegebenen möglich.*

a) $\cos 38° = \frac{c}{5,5\text{ cm}}$; $c \approx 4,33$ cm

$\sin 38° = \frac{a}{5,5\text{ cm}}$; $a \approx 3,39$ cm

$\gamma = 180° - 90° - 38° = 52°$

b) $\tan 33° = \frac{3,7\text{ dm}}{y}$; $y \approx 5,70$ dm

$x = \sqrt{3,7^2 + 5,7^2}$ dm $\approx 6,80$ dm

$\alpha = 180° - 90° - 33° = 57°$

c) $\tan \beta = \frac{2,5\text{ m}}{4,4\text{ m}}$; $\beta \approx 29,60°$

$\tan \gamma = \frac{4,4\text{ m}}{2,5\text{ m}}$; $\gamma \approx 60,40°$

$z = \sqrt{4,4^2 + 2,5^2}$ m $\approx 5,06$ m

3

3. a) $|\overline{PQ}| = \sqrt{(10 - (-5))^2 + (6 - (-2))^2}$ LE $= \sqrt{289}$ LE $= 17$ LE

b) $|\vec{v}| = \sqrt{(-5)^2 + 12^2}$ LE $= \sqrt{169}$ LE $= 13$ LE

4. *für 65°*

$\cos 65° = \frac{a}{10\text{ m}}$; $a \approx 4,23$ m

$\sin 65° = \frac{h}{10\text{ m}}$; $h \approx 9,06$ m

für 75°

$\cos 75° = \frac{a}{10\text{ m}}$; $a \approx 2,59$ m

$\sin 75° = \frac{h}{10\text{ m}}$; $h \approx 9,66$ m

5. $h = \sqrt{6\,370,0016^2 - 6\,370^2}$ km $\approx 4,51$ km

6. $(32\text{ m})^2 + h^2 = (43\text{ m} - h)^2$
$1\,024\text{ m}^2 + h^2 = 1\,849\text{ m}^2 - 86\text{ m} \cdot h + h^2$
$86\text{ m} \cdot h = 825\text{ m}^2$
$h \approx 9,59$ m
Der Maibaum ist in ca. 9,60 m Höhe abgeknickt.

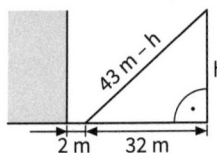

Berechnungen in allgemeinen Dreiecken – Sinussatz

4

1. a) $\frac{x}{\sin \alpha} = \frac{b}{\sin \beta}$; $x = \frac{b \cdot \sin \alpha}{\sin \beta}$

b) $\frac{x}{\sin \beta} = \frac{c}{\sin \gamma}$; $x = \frac{c \cdot \sin \beta}{\sin \gamma}$

c) $\frac{\sin \alpha}{a} = \frac{\sin \gamma}{c}$; $\sin \alpha = \frac{a \cdot \sin \gamma}{c}$

2. $\gamma = 180° - \alpha - \beta = 180° - 76,8° - 40,3° = 62,9°$

$\frac{a}{\sin \alpha} = \frac{b}{\sin \beta}$; $a = \frac{7,5\text{ cm} \cdot \sin 76,8°}{\sin 40,3°} \approx 11,29$ cm

$\frac{c}{\sin \gamma} = \frac{b}{\sin \beta}$; $c = \frac{7,5\text{ cm} \cdot \sin 62,9°}{\sin 40,3°} \approx 10,32$ cm

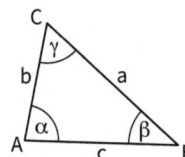

4

3. $\dfrac{|\overline{PR}|}{\sin \sphericalangle RQP} = \dfrac{|\overline{QR}|}{\sin \sphericalangle QPR}$; $|\overline{PR}| = \dfrac{14{,}2 \text{ cm} \cdot \sin 105{,}3°}{\sin 44{,}8°} \approx 19{,}44 \text{ cm}$

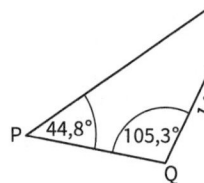

$\sphericalangle PRQ = 180° - \sphericalangle QPR - \sphericalangle RQP = 180° - 44{,}8° - 105{,}3° = 29{,}9°$

$\dfrac{|\overline{PQ}|}{\sin \sphericalangle PRQ} = \dfrac{|\overline{QR}|}{\sin \sphericalangle QPR}$; $|\overline{PQ}| = \dfrac{14{,}2 \text{ cm} \cdot \sin 29{,}9°}{\sin 44{,}8°} \approx 10{,}05 \text{ cm}$

5

4. $\dfrac{|\overline{PF}|}{\sin \sphericalangle FQP} = \dfrac{|\overline{PQ}|}{\sin \sphericalangle PFQ}$; $\sphericalangle PFQ = 180° - 70° - 35° = 75°$

$|\overline{PF}| = \dfrac{860 \text{ m} \cdot \sin 70°}{\sin 75°} \approx 836{,}64 \text{ m}$

5.

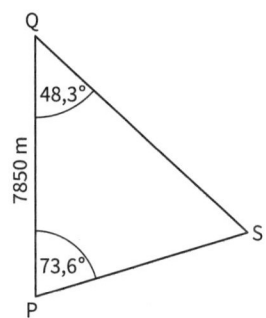

$\sphericalangle QSP = 180° - 48{,}3° - 73{,}6° = 58{,}1°$

$\dfrac{|\overline{PS}|}{\sin \sphericalangle PQS} = \dfrac{|\overline{PQ}|}{\sin \sphericalangle QSP}$; $|\overline{PS}| = \dfrac{7\,850 \text{ m} \cdot \sin 48{,}3°}{\sin 58{,}1°} \approx 6\,903{,}8 \text{ m}$

$\dfrac{|\overline{QS}|}{\sin \sphericalangle SPQ} = \dfrac{|\overline{PQ}|}{\sin \sphericalangle QSP}$; $|\overline{QS}| = \dfrac{7\,850 \text{ m} \cdot \sin 73{,}6°}{\sin 58{,}1°} \approx 8\,870{,}3 \text{ m}$

6. $\dfrac{\sin \sphericalangle GHA}{|\overline{AG}|} = \dfrac{\sin \sphericalangle AGH}{|\overline{AH}|}$; $\sin \sphericalangle GHA = \dfrac{4\,300 \text{ m} \cdot \sin 78°}{6\,850 \text{ m}}$; $\sphericalangle GHA \approx 37{,}9°$

$\sphericalangle HAG = 180° - 78° - 37{,}9° = 64{,}1°$

$\dfrac{|\overline{GH}|}{\sin \sphericalangle HAG} = \dfrac{|\overline{AH}|}{\sin \sphericalangle AGH}$; $|\overline{GH}| = \dfrac{6\,850 \text{ m} \cdot \sin 64{,}1°}{\sin 78°} \approx 6\,299{,}6 \text{ m}$

Berechnungen in allgemeinen Dreiecken – Kosinussatz

6

1. $k^2 = m^2 + l^2 - 2 \cdot m \cdot l \cdot \cos \kappa$ $\cos \kappa = \dfrac{m^2 + l^2 - k^2}{2 \cdot m \cdot l}$

$l^2 = m^2 + k^2 - 2 \cdot m \cdot k \cdot \cos \lambda$ $\cos \lambda = \dfrac{m^2 + k^2 - l^2}{2 \cdot m \cdot k}$

$m^2 = l^2 + k^2 - 2 \cdot l \cdot k \cdot \cos \mu$ $\cos \mu = \dfrac{l^2 + k^2 - m^2}{2 \cdot l \cdot k}$

2. a) $x = \sqrt{a^2 + c^2 - 2 \cdot a \cdot c \cdot \cos \beta}$

   b) $x = \sqrt{a^2 + b^2 - 2 \cdot a \cdot b \cdot \cos \gamma}$

   c) $\cos \alpha = \dfrac{t^2 + s^2 - r^2}{2 \cdot t \cdot s}$

3. $b = \sqrt{a^2 + c^2 - 2 \cdot a \cdot c \cdot \cos \beta} = \sqrt{11{,}0^2 + 16{,}2^2 - 2 \cdot 11{,}0 \cdot 16{,}2 \cdot \cos 37{,}8°} \text{ cm} \approx 10{,}1 \text{ cm}$

$\dfrac{\sin \gamma}{c} = \dfrac{\sin \beta}{b}$; $\sin \gamma = \dfrac{16{,}2 \text{ cm} \cdot \sin 37{,}8°}{10{,}1 \text{ cm}}$; $\gamma \approx 79{,}4°$

$\alpha = 180° - \beta - \gamma = 180° - 37{,}8° - 79{,}4° = 62{,}8°$

7

4. $|\overline{AB}| = \sqrt{|\overline{AS}|^2 + |\overline{BS}|^2 - 2 \cdot |\overline{AS}| \cdot |\overline{BS}| \cdot \cos \sphericalangle ASB}$

$= \sqrt{6{,}5^2 + 7{,}8^2 - 2 \cdot 6{,}5 \cdot 7{,}8 \cdot \cos 94{,}8°} \text{ sm}$

$\approx 10{,}56 \text{ sm} \approx 19{,}56 \text{ km}$

Die Boote sind ca. 19,56 km voneinander entfernt.

7

5.

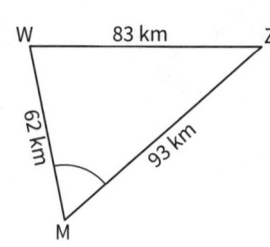

$$\cos \angle ZMW = \frac{93^2 + 62^2 - 83^2}{2 \cdot 93 \cdot 62}$$

$\angle ZMW \approx 60{,}93°$

Der Schwenkwinkel des Panoramafernrohrs beträgt ca. 60,93°.

6. $\cos \alpha = \dfrac{c^2 + b^2 - a^2}{2 \cdot c \cdot b} = \dfrac{7{,}6^2 + 4{,}8^2 - 9{,}1^2}{2 \cdot 7{,}6 \cdot 4{,}8}$; $\alpha \approx 91{,}58°$

$\dfrac{\sin \beta}{b} = \dfrac{\sin \alpha}{a}$; $\sin \beta = \dfrac{b \cdot \sin \alpha}{a} = \dfrac{4{,}8 \cdot \sin 91{,}58°}{9{,}1}$; $\beta \approx 31{,}82°$

$\gamma = 180° - \alpha - \beta = 180° - 91{,}58° - 31{,}82° = 56{,}60°$

Berechnen des Flächeninhalts eines Dreiecks mit trigonometrischen Mitteln

8

1. a) $A = \dfrac{1}{2} \cdot a \cdot c \cdot \sin \beta = \dfrac{1}{2} \cdot 8{,}2 \text{ cm} \cdot 3{,}7 \text{ cm} \cdot \sin 70° \approx 14{,}26 \text{ cm}^2$

b) $\cos \alpha = \dfrac{b^2 + c^2 - a^2}{2 \cdot b \cdot c} = \dfrac{7{,}5^2 + 7{,}0^2 - 6{,}0^2}{2 \cdot 7{,}5 \cdot 7{,}0}$; $\alpha \approx 48{,}74°$

$A = \dfrac{1}{2} \cdot b \cdot c \cdot \sin \alpha = \dfrac{1}{2} \cdot 7{,}5 \text{ cm} \cdot 7{,}0 \text{ cm} \cdot \sin 48{,}74° \approx 19{,}73 \text{ cm}^2$

c) $\dfrac{a}{\sin \alpha} = \dfrac{b}{\sin \beta}$; $a = \dfrac{b \cdot \sin \alpha}{\sin \beta} = \dfrac{7{,}5 \text{ cm} \cdot \sin 31°}{\sin 58°} \approx 4{,}55 \text{ cm}$

$\gamma = 180° - \alpha - \beta = 180° - 31° - 58° = 91°$

$A = \dfrac{1}{2} \cdot a \cdot b \cdot \sin \gamma = \dfrac{1}{2} \cdot 4{,}55 \text{ cm} \cdot 7{,}5 \text{ cm} \cdot \sin 91° \approx 17{,}06 \text{ cm}^2$

2. $A_{PQS} = \dfrac{1}{2} \cdot |\overline{PQ}| \cdot |\overline{PS}| \cdot \sin \angle QPS = \dfrac{1}{2} \cdot 8{,}8 \text{ km} \cdot 8{,}5 \text{ km} \cdot \sin 75° \approx 36{,}13 \text{ km}^2$

$A_{QRS} = \dfrac{1}{2} \cdot |\overline{RQ}| \cdot |\overline{RS}| = \dfrac{1}{2} \cdot 6{,}5 \text{ km} \cdot 8{,}3 \text{ km} \approx 26{,}98 \text{ km}^2$

$A = A_{PQS} + A_{QRS} = 36{,}13 \text{ km}^2 + 26{,}98 \text{ km}^2 = 63{,}11 \text{ km}^2$

Berechnungen an Vierecken und Vielecken

9

1. $|\overline{AC}| = \sqrt{|\overline{AD}|^2 + |\overline{CD}|^2 - 2 \cdot |\overline{AD}| \cdot |\overline{CD}| \cdot \cos \angle ADC}$

$\phantom{|\overline{AC}|} = \sqrt{162^2 + 127^2 - 2 \cdot 162 \cdot 127 \cdot \cos 51°} \text{ m} \approx 128{,}37 \text{ m}$

$|\overline{AB}| = \sqrt{|\overline{AC}|^2 - |\overline{BC}|^2} = \sqrt{128{,}37^2 - 47^2} \text{ m} \approx 119{,}46 \text{ m}$

$u = 162 \text{ m} + 127 \text{ m} + 47 \text{ m} + 119{,}46 \text{ m} = 455{,}46 \text{ m}$

$A_{ABC} = \dfrac{1}{2} \cdot |\overline{AB}| \cdot |\overline{BC}| = \dfrac{1}{2} \cdot 119{,}46 \text{ m} \cdot 47 \text{ m} = 2\,807{,}31 \text{ m}^2$

$A_{ACD} = \dfrac{1}{2} \cdot |\overline{AD}| \cdot |\overline{CD}| \cdot \sin \angle ADC = \dfrac{1}{2} \cdot 162 \text{ m} \cdot 127 \text{ m} \cdot \sin 51° \approx 7\,994{,}50 \text{ m}^2$

$A_{ABCD} = A_{ABC} + A_{ACD} = 2\,807{,}31 \text{ m}^2 + 7\,994{,}50 \text{ m}^2 = 10\,801{,}81 \text{ m}^2 \approx 1{,}08 \text{ ha}$

9

2.

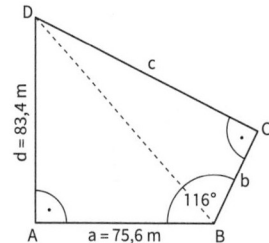

$|\overline{BD}| = \sqrt{a^2 + d^2} = \sqrt{75{,}6^2 + 83{,}4^2}$ m $\approx 112{,}57$ m

$\tan \sphericalangle DBA = \dfrac{d}{a} = \dfrac{83{,}4 \text{ m}}{75{,}6 \text{ m}};$ $\sphericalangle DBA \approx 47{,}81°$

$\sphericalangle CBD = \sphericalangle CBA - \sphericalangle DBA = 116° - 47{,}81° = 68{,}19°$

$\cos \sphericalangle CBD = \dfrac{b}{|\overline{BD}|};$ $b = |\overline{BD}| \cdot \cos \sphericalangle CBD = 112{,}57$ m $\cdot \cos 68{,}19° \approx 41{,}82$ m

$\sin \sphericalangle CBD = \dfrac{c}{|\overline{BD}|};$ $c = |\overline{BD}| \cdot \sin \sphericalangle CBD = 112{,}57$ m $\cdot \sin 68{,}19° \approx 104{,}51$ m

$u = a + b + c + d = 75{,}6$ m $+ 41{,}82$ m $+ 104{,}51$ m $+ 83{,}4$ m $= 305{,}33$ m

$A_{ABD} = \dfrac{1}{2} \cdot a \cdot d = \dfrac{1}{2} \cdot 75{,}6$ m $\cdot 83{,}4$ m $= 3152{,}52$ m^2

$A_{BCD} = \dfrac{1}{2} \cdot |\overline{BD}| \cdot b \cdot \sin \sphericalangle CBD = \dfrac{1}{2} \cdot 112{,}57$ m $\cdot 41{,}82$ m $\cdot \sin 68{,}19° \approx 2185{,}35$ m^2

$A_{ABCD} = A_{ABD} + A_{BCD} = 3152{,}52$ m$^2 + 2185{,}35$ m$^2 = 5337{,}87$ m^2

3. $\tan \beta = \dfrac{|\overline{AC}|}{|\overline{BC}|};$ $|\overline{AC}| = |\overline{BC}| \cdot \tan \beta = 28$ m $\cdot \tan 72{,}5° \approx 88{,}80$ m

$|\overline{CE}| = \sqrt{|\overline{AC}|^2 + |\overline{AE}|^2} = \sqrt{88{,}80^2 + 45{,}2^2}$ m $\approx 99{,}64$ m

$\tan \sphericalangle ECA = \dfrac{|\overline{AE}|}{|\overline{AC}|} = \dfrac{45{,}2 \text{ m}}{88{,}8 \text{ m}};$ $\sphericalangle ECA \approx 26{,}98°$

$\sphericalangle DCE = \sphericalangle DCA - \sphericalangle ECA = 64{,}8° - 26{,}98° = 37{,}82°$

$\cos \sphericalangle DCE = \dfrac{|\overline{CD}|}{|\overline{CE}|};$ $|\overline{CD}| = |\overline{CE}| \cdot \cos \sphericalangle DCE = 99{,}64$ m $\cdot \cos 37{,}82° \approx 78{,}71$ m

$A_{ABC} = \dfrac{1}{2} \cdot |\overline{BC}| \cdot |\overline{AC}| = \dfrac{1}{2} \cdot 28$ m $\cdot 88{,}8$ m $= 1243{,}20$ m^2

$A_{ACE} = \dfrac{1}{2} \cdot |\overline{AC}| \cdot |\overline{AE}| = \dfrac{1}{2} \cdot 88{,}8$ m $\cdot 45{,}2$ m $= 2006{,}88$ m^2

$A_{ECD} = \dfrac{1}{2} \cdot |\overline{CE}| \cdot |\overline{CD}| \cdot \sin \sphericalangle DCE = \dfrac{1}{2} \cdot 99{,}64$ m $\cdot 78{,}71$ m $\cdot \sin 37{,}82° \approx 2404{,}49$ m^2

$A_{ABCDE} = A_{ABC} + A_{ACE} + A_{ECD} = 1243{,}20$ m$^2 + 2006{,}88$ m$^2 + 2404{,}49$ m$^2 = 5654{,}57$ m^2

Sinus und Kosinus am Einheitskreis

10

1. a) $\sin 30° = 0{,}5$ **d)** $\sin 225° = -0{,}7$ **g)** $\sin 130° = 0{,}8$

b) $\sin 210° = -0{,}5$ **e)** $\sin 70° = 0{,}9$ **h)** $\sin 160° = 0{,}3$

c) $\sin 45° = 0{,}7$ **f)** $\sin 90° = 1$ **i)** $\sin 310° = -0{,}8$

2. a) $\sin 22° = 0{,}375$ **c)** $\sin 114° = 0{,}914$ **e)** $\sin 237° = -0{,}839$

b) $\sin 57° = 0{,}839$ **d)** $\sin 140° = 0{,}643$ **f)** $\sin 340° = -0{,}342$

3. a) $\varphi_1 = 4°; \varphi_2 = 176°$ **d)** $\varphi_1 = 0°; \varphi_2 = 180°$

b) $\varphi_1 = 30°; \varphi_2 = 150°$ **e)** $\varphi = 270°$

c) $\varphi_1 = 237°; \varphi_2 = 303°$ **f)** nicht definiert, $\sin \varphi \in [-1; 1]$

4. a) $\varphi_1 = 37°; \varphi_2 = 143°$ **b)** $\varphi_1 = 158°; \varphi_2 = 22°$ **c)** $\varphi_1 = 336°; \varphi_2 = 204°$

11

5. **a)** $\cos 26° = 0{,}9$ **d)** $\cos 225° = -0{,}7$ **g)** $\cos 100° = -0{,}2$

      b) $\cos 206° = -0{,}9$ **e)** $\cos 60° = 0{,}5$ **h)** $\cos 135° = -0{,}7$

      c) $\cos 45° = 0{,}7$ **f)** $\cos 90° = 0$ **i)** $\cos 330° = 0{,}9$

6. **a)** $\cos 14° = 0{,}970$ **c)** $\cos 72° = 0{,}309$ **e)** $\cos 200° = -0{,}940$

      b) $\cos 53° = 0{,}602$ **d)** $\cos 120° = -0{,}500$ **f)** $\cos 307° = 0{,}602$

7. **a)** $\varphi_1 = 86°;\ \varphi_2 = 274°$ **d)** $\varphi_1 = 108°;\ \varphi_2 = 252°$

      b) $\varphi_1 = 60°;\ \varphi_2 = 300°$ **e)** $\varphi_1 = 90°;\ \varphi_2 = 270°$

      c) $\varphi_1 = 172°;\ \varphi_2 = 188°$ **f)** $\varphi = 180°$

8. **a)** $\varphi_1 = 37°;\ \varphi_2 = 323°$ **b)** $\varphi_1 = 158°;\ \varphi_2 = 202°$ **c)** $\varphi_1 = 336°;\ \varphi_2 = 24°$

Tangens am Einheitskreis

12

1. **a)** $\tan 10° = 0{,}2$ **d)** $\tan 205° = 0{,}5$ **g)** $\tan 225° = 1$ **j)** $\tan 310° = -1{,}2$

      b) $\tan 190° = 0{,}2$ **e)** $\tan 230° = 1{,}2$ **h)** $\tan 315° = -1$

      c) $\tan 25° = 0{,}5$ **f)** $\tan 45° = 1$ **i)** $\tan 325° = -0{,}7$

2. **a)** $\tan 4° = 0{,}070$ **c)** $\tan 88° = 28{,}636$ **e)** $\tan 211° = 0{,}601$

      b) $\tan 17° = 0{,}306$ **d)** $\tan 131° = -1{,}150$ **f)** $\tan 300° = -1{,}732$

3. **a)** $\varphi_1 = 22°;\ \varphi_2 = 202°$ **d)** $\varphi_1 = 308°;\ \varphi_2 = 128°$

      b) $\varphi_1 = 27°;\ \varphi_2 = 207°$ **e)** $\varphi_1 = 271°;\ \varphi_2 = 91°$

      c) $\varphi_1 = 333°;\ \varphi_2 = 153°$ **f)** $\varphi_1 = 0°;\ \varphi_2 = 180°;\ \varphi_3 = 360°$

4. **a)** $\varphi_1 = 37°;\ \varphi_2 = 217°$ **b)** $\varphi_1 = 158°;\ \varphi_2 = 338°$ **c)** $\varphi_1 = 306°;\ \varphi_2 = 126°$

Beziehungen zwischen Sinus, Kosinus und Tangens

13

1. **a)**
$$\cos \varphi = \sin 53°$$
$$\cos \varphi = \cos (90° - 53°)$$
$$\varphi = 90° - 53°$$
$$\varphi = 37°$$

      b)
$$\cos 157° = \sin \varphi$$
$$\sin (90° - 157°) = \sin \varphi$$
$$90° - 157° = \varphi$$
$$\varphi = -67° \text{ bzw. } \varphi = 293°$$

2. **a)**
$$-5 \cos \varphi = 2 \sin \varphi$$
$$\frac{-5}{2} = \frac{\sin \varphi}{\cos \varphi}$$
$$-2{,}5 = \tan \varphi$$
$$\varphi = 111{,}80°$$

      b)
$$\cos^2 \varphi = \tfrac{1}{2} + \sin^2 \varphi$$
$$1 - \sin^2 \varphi = \tfrac{1}{2} + \sin^2 \varphi \quad | - \sin^2 \varphi$$
$$1 - 2 \cdot \sin^2 \varphi = \tfrac{1}{2} \quad | - 1$$
$$-2 \cdot \sin^2 \varphi = -0{,}5 \quad | : (-2)$$
$$\sin^2 \varphi = 0{,}25 \quad | \sqrt{\ }$$
$$\sin \varphi = 0{,}5 \ \ (*)$$
$$\varphi_1 = 30°;\ \varphi_2 = 150°$$

(*) Die zweite Lösung $\sin \varphi = -0{,}5$ kommt nicht
infrage, da $\varphi = 330°$ oder $\varphi = 210° \notin [0°;\ 180°]$

13

3. a) $1 - \sin^2 \varphi = \cos^2 \varphi$ (da $\sin^2 \varphi + \cos^2 \varphi = 1$)

b) $\sin \varphi \cdot \cos^{-1} \varphi = \sin \varphi \cdot \dfrac{1}{\cos \varphi} = \dfrac{\sin \varphi}{\cos \varphi} = \tan \varphi$

c) $\dfrac{\sin \varphi \cdot \tan \varphi}{\sqrt{1 - \sin^2 \varphi}} = \dfrac{\sin \varphi \cdot \tan \varphi}{\cos \varphi} = \dfrac{\sin \varphi}{\cos \varphi} \cdot \tan \varphi = \tan \varphi \cdot \tan \varphi = \tan^2 \varphi$

d) $\dfrac{\sin (\varphi - 90°)}{\tan^{-1} \varphi} = \dfrac{\sin (-90° - \varphi)}{\frac{1}{\tan \varphi}} = \sin [-(90° - \varphi)] \cdot \tan \varphi = -\sin (90° - \varphi) \cdot \dfrac{\sin \varphi}{\cos \varphi} =$

$-\cos \varphi \cdot \dfrac{\sin \varphi}{\cos \varphi} = -\sin \varphi$

e) $5 \sin (180° - \varphi) \cdot \sin \varphi - \cos (180° + \varphi) \cdot 5 \sqrt{1 - \sin^2 \varphi} =$

$5 \sin \varphi \cdot \sin \varphi - (-\cos \varphi) \cdot 5 \cos \varphi = 5 \sin^2 \varphi + 5 \cos^2 \varphi = 5 (\sin^2 \varphi + \cos^2 \varphi) = 5 \cdot 1 = 5$

Trigonometrische Funktionen

14

1. a)

α	0°	30°	60°	90°	120°	150°	180°	210°	240°	270°	300°	330°	360°
sin α	0	0,5	0,85	1	0,85	0,5	0	−0,5	−0,85	−1	−0,85	−0,5	0

b) Definitionsmenge: alle Winkelmaße   Wertemenge: $y \in [-1; 1]$
Maximum: +1
Minimum: −1
Nullstellen im Intervall $[0°; 360°]$:
$0°; 180°; 360°$
(1) steigt: $[0°; 90°]$ und $[270°; 360°]$ (2) fällt: $[90°; 270°]$
Periode: 360°

15

2. Definitionsmenge: alle Winkelmaße   Wertemenge: $y \in [-1; 1]$
Maximum: +1
Minimum: −1
Nullstellen: $90°; 270°; 450°$
(1) steigt: $[180°; 360°]$ (2) fällt: $[0°; 180°]$ und $[360°; 540°]$
Periode: 360°

3. Definitionsmenge: $[-90°; 450°] \backslash \{-90°; 90°; 270°; 450°\}$
(bzw. allgemein alle Winkelmaße, außer $90° + n \cdot 180°$ mit $n \in \mathbb{Z}$)
Nullstellen: $0°; 180°; 360°$ Periode: 180°
Wertemenge: $\mathbb{R}$ Maximum: −   Minimum: −
(1) steigt: $]-90°; 90°[;]90°; 270°[;]270°; 450°]$ (2) fällt: der Graph fällt nie
Die Asymptoten sind Parallelen zur y-Achse bei −90°; 90°; 270°; 450°
(bzw. allgemein $90° + n \cdot 180°$ mit $n \in \mathbb{Z}$)

4. (1) α = 30°; 150°; 390°   (2) α = 120°; 240°   (3) α = 45°; 225°; 405°

Umformen trigonometrischer Terme – Additionstheoreme

16

1. $\sin (\alpha + \beta) = \sin \alpha \cos \beta + \cos \alpha \sin \beta$
$\cos (\alpha + \beta) = \cos \alpha \cos \beta - \sin \alpha \sin \beta$
$\sin (\alpha - \beta) = \sin \alpha \cos \beta - \cos \alpha \sin \beta$
$\cos (\alpha - \beta) = \cos \alpha \cos \beta + \sin \alpha \sin \beta$

16

2. a)

$$\sin(\alpha + 30°) = 0{,}5 \cdot \sin\alpha$$
$$\sin\alpha \cdot \cos 30° + \cos\alpha \cdot \sin 30° = 0{,}5 \cdot \sin\alpha$$
$$\tfrac{1}{2}\sqrt{3} \cdot \sin\alpha + \tfrac{1}{2} \cdot \cos\alpha = 0{,}5 \cdot \sin\alpha$$
$$\tfrac{1}{2} \cdot \cos\alpha = 0{,}5 \cdot \sin\alpha - \tfrac{1}{2}\sqrt{3}\,\sin\alpha$$
$$\tfrac{1}{2} \cdot \cos\alpha = \left(0{,}5 - 0{,}5\sqrt{3}\right) \cdot \sin\alpha$$
$$\frac{1}{1 - \sqrt{3}} = \frac{\sin\alpha}{\cos\alpha}$$
$$\frac{1}{1 - \sqrt{3}} = \tan\alpha$$

$$\alpha^* = -53{,}79°;$$
$$\alpha_1 = 126{,}21°; \ \alpha_2 = 306{,}21°$$

b)

$$0{,}8 \cdot \cos\alpha = \cos(\alpha + 53°)$$
$$0{,}8 \cdot \cos\alpha = \cos\alpha \cdot \cos 53° - \sin\alpha \cdot \sin 53°$$
$$0{,}8 \cdot \cos\alpha = 0{,}6\cos\alpha - 0{,}8\sin\alpha$$
$$0{,}2 \cdot \cos\alpha = -0{,}8\sin\alpha$$
$$-0{,}25 = \frac{\sin\alpha}{\cos\alpha}$$
$$-0{,}25 = \tan\alpha$$
$$\alpha^* = -14{,}04°; \ \alpha_1 = 165{,}96°; \ \alpha_2 = 345{,}96°$$

17

3. a) $\sin(\varphi + 20°) = 0{,}8$

$$\varphi_1 + 20° = 53{,}13°; \ \varphi_2 + 20° = 126{,}87°$$

$$\varphi_1 = 33{,}13°; \ \varphi_2 = 106{,}87°$$

b)

$$\frac{\sin\beta}{\sin(\beta - 60°)} = 0{,}5$$
$$\sin\beta = 0{,}5\,(\sin\beta\cos 60° - \cos\beta\sin 60°)$$
$$\sin\beta = 0{,}25\sin\beta - 0{,}25\sqrt{3}\cos\beta$$
$$0{,}75\sin\beta = -0{,}25\sqrt{3}\cos\beta$$
$$\frac{\sin\beta}{\cos\beta} = -\tfrac{1}{3}\sqrt{3}$$
$$\tan\beta = -\tfrac{1}{3}\sqrt{3}$$

$$\beta^* = -30°; \ \beta_1 = 150°; \ \beta_2 = 330°$$

c)

$$\cos^2\delta + 3\sin\delta = 2$$
$$1 - \sin^2\delta + 3\sin\delta = 2$$
$$-\sin^2\delta + 3\sin\delta - 1 = 0$$
$$\sin\delta = \frac{-3 \pm \sqrt{3^2 - 4 \cdot (-1) \cdot (-1)}}{2 \cdot (-1)}$$
$$\sin\delta = \frac{-3 + \sqrt{5}}{-2}$$
$$\sin\delta = \frac{-3 - \sqrt{5}}{-2} \notin [-1; 1]$$

$$\delta_1 = 22{,}46°; \ \delta_2 = 157{,}54°$$

d)

$$0{,}5\sin\gamma + 2\cos\gamma = 0{,}75$$
$$0{,}5\sin\gamma = 0{,}75 - 2\cos\gamma$$
$$\sin\gamma = 1{,}5 - 4\cos\gamma$$
$$\sqrt{1 - \cos^2\gamma} = 1{,}5 - 4\cos\gamma$$
$$1 - \cos^2\gamma = (1{,}5 - 4\cos\gamma)^2$$
$$1 - \cos^2\gamma = 2{,}25 - 12\cos\gamma + 16\cos^2\gamma$$
$$-17\cos^2\gamma + 12\cos\gamma - 1{,}25 = 0$$
$$\cos\gamma = \frac{-12 \pm \sqrt{12^2 - 4 \cdot (-17) \cdot (-1{,}25)}}{2 \cdot (-17)} = \frac{12 \pm \sqrt{59}}{34}$$

> Durch das Quadrieren können Lösungen dazu kommen. Deshalb ist die Probe wichtig.

$$\gamma_1 = 54{,}63°; \quad \gamma_2 = 82{,}70°;$$
$$\gamma_3 = 305{,}37°; \quad \gamma_4 = 277{,}30°$$

Probe: $0{,}5\sin 54{,}63° + 2\cos 54{,}63° = 0{,}75$ (f)
$0{,}5\sin 82{,}70° + 2\cos 82{,}70° = 0{,}75$ (w)
$0{,}5\sin 305{,}37° + 2 \cdot \cos 305{,}37° = 0{,}75$ (w)
$0{,}5\sin 277{,}30° + 2 \cdot \cos 277{,}30° = 0{,}75$ (f)

$$L = \{82{,}70°; \ 305{,}37°\}$$

Trägergraphen

18

1. a)/b)

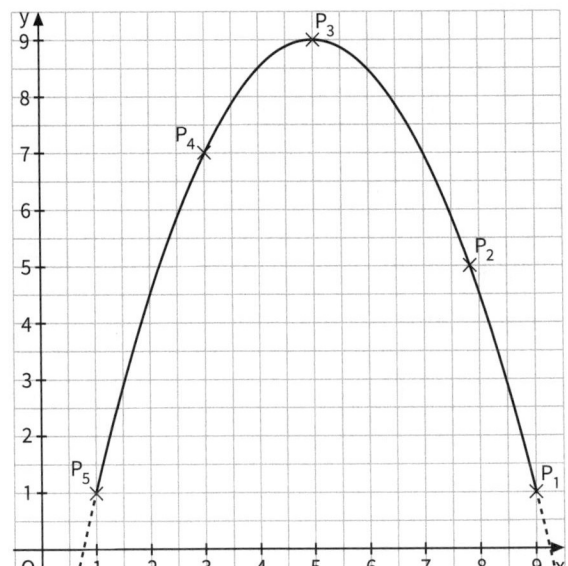

$P_1(9|1)$
$P_2(7,83|5)$
$P_3(5|9)$
$P_4(3|7)$
$P_5(1|1)$

b) (I) $x = 4 \cos \alpha + 5$

$4 \cos \alpha = x - 5$

$\cos \alpha = 0,25x - 1,25$

(II) $y = 8 \sin^2 \alpha + 1$

$y = 8 (1 - \cos^2 \alpha) + 1$

$y = 8 - 8 \cos^2 \alpha + 1$

$y = 9 - 8 \cos^2 \alpha$

(I) in (II) $y = 9 - 8 (0,25x - 1,25)^2$

$= 9 - 8 \left(\frac{1}{16} x^2 - \frac{5}{8} x + \frac{25}{16} \right)$

$= 9 - 0,5x^2 + 5x - 12,5$

p: $y = -0,5x^2 + 5x - 3,5$

c) $-1 \le \cos \alpha \le +1$

$-4 \le 4 \cos \alpha \le 4$

$1 \le 4 \cos \alpha + 5 \le 9$

$D = [1; 9]$

$0 \le \sin^2 \alpha \le +1$

$0 \le 8 \sin^2 \alpha \le 8$

$1 \le 8 \sin^2 \alpha + 1 \le 9$

$W = [1; 9]$

Anmerkung: Für die Wertemenge von Sinus und Kosinus gilt [−1; +1]; aufgrund des Quadrierens entfällt der negative Bereich des Intervalls für die Wertemenge von Sinus² (und Kosinus²), sie liegt dann also im Intervall [0; +1].

Extremwertprobleme

19

1. (1) 90°   (2) 180°
(3) kleinstmöglichen Wert
(4) kleinstmöglichen Wert

2. a)   (1) $\sin (\varphi + 30°)$

$\varphi + 30° = 90°$

$\varphi = 60°$

(2) $9 \cos \varphi + 6$

$\cos \varphi = 1$

$\varphi = 0°$

(3) $2,25 \cos (\varphi - 20°)$

$\varphi - 20° = 0°$

$\varphi = 20°$

b)   (1) $\cos (45° + \varphi)$

$45° + \varphi = 180°$

$\varphi = 135°$

(2) $\sin (\varphi + 130°)$

$\varphi + 130° = 270°$

$\varphi = 140°$

(3) $\dfrac{\sin (\varphi + 120°)}{2}$

$\varphi + 120° = 270°$

$\varphi = 150°$

19

3. a) $T(\alpha) = 3 \cos(\alpha - 20°) + 2$

Maximum für $\cos(\alpha - 20°) = 1$

$$\alpha - 20° = 0°$$
$$\alpha = 20°$$

$T_{max} = 3 \cdot 1 + 2 = 5$ für $\alpha = 20°$

Minimum für $\cos(\alpha - 20°) = -1$

$$\alpha - 20° = 180°$$
$$\alpha = 200°$$

$T_{min} = 3 \cdot (-1) + 2 = -1$ für $\alpha = 200°$

b) $T(\alpha) = 4 \sin^2 \alpha - 2 \sin \alpha + 3$

$\quad = 4(\sin^2 \alpha - 0,5 \sin \alpha) + 3$

$\quad = 4(\sin^2 \alpha - 2 \cdot 0,25 \sin \alpha + 0,25^2 - 0,25^2) + 3$

$\quad = 4(\sin \alpha - 0,25)^2 + 2,75$

Alternativ:

$$\left(\frac{-(-2)}{2 \cdot 4} \middle| 3 - \frac{(-2)^2}{4 \cdot 4} \right)$$

$(0,25 | 2,75)$

Minimum für $(\sin \alpha - 0,25) = 0$; $\sin \alpha = 0,25 \Leftrightarrow \alpha_1 = 14,48°$; $\alpha_2 = 165,52°$; $T_{min} = 2,75$

Maximum für $(\sin \alpha - 0,25)^2$ maximal, also für $\sin \alpha = -1$ bzw. $\alpha = 270°$

$T_{max} = 4 \cdot (-1)^2 - 2 \cdot (-1) + 3 = 9$

Funktionale Abhängigkeiten

20

1. a)

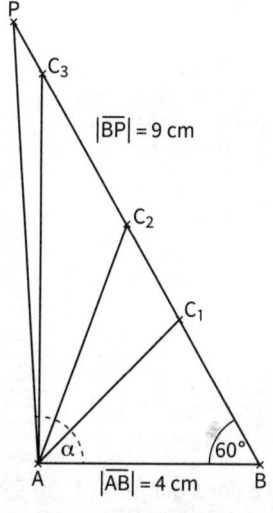

$|\overline{BP}| = 9$ cm

$|\overline{AB}| = 4$ cm

b) $|\overline{AP}| = \sqrt{|\overline{AB}|^2 + |\overline{BP}|^2 - 2 \cdot |\overline{AB}| \cdot |\overline{BP}| \cos \sphericalangle PBA}$

$\quad = \sqrt{4^2 + 9^2 - 2 \cdot 4 \cdot 9 \cdot \cos 60°}$ cm

$\quad = \sqrt{61}$ cm $\approx 7,81$ cm

$\cos \sphericalangle BAP = \dfrac{|\overline{AB}|^2 + |\overline{AP}|^2 - |\overline{BP}|^2}{2 \cdot |\overline{AB}| \cdot |\overline{AP}|}$

$\cos \sphericalangle BAP = \dfrac{4^2 + \sqrt{61}^2 - 9^2}{2 \cdot 4 \cdot \sqrt{61}}$; $\sphericalangle BAP = 93,67°$

$\alpha \in \,]0; 93,67°]$

c) Mit der Innenwinkelsumme im Dreieck folgt $\gamma = 180° - 60° - \alpha = 180° - (60° + \alpha)$

d) Anwenden des Sinussatzes:

$\dfrac{|\overline{AC_n}|}{\sin 60°} = \dfrac{|\overline{AB}|}{\sin(180° - (60° + \alpha))}$ $\qquad |\overline{AC_n}|(\alpha) = \dfrac{\frac{1}{2}\sqrt{3} \cdot 4}{\sin(60° + \alpha)}$ cm $= \dfrac{2\sqrt{3}}{\sin(60° + \alpha)}$ cm

e) Der Wert eines Bruchs nimmt einen minimalen Wert an, wenn der Wert des Nenners den maximalen Wert annimmt, also

$$\sin(60° + \alpha) = 1$$
$$60° + \alpha = 90°$$
$$\alpha = 30°$$

Für $\alpha = 30°$ gilt $\gamma = 90°$; für $\gamma = 90°$ ist $\overline{AC_n}$ die Lotstrecke, also die kürzeste Entfernung zwischen dem Punkt A und der Strecke $\overline{BP}$.

f) $A_{ABC_n}(\alpha) = \frac{1}{2} \cdot |\overline{AB}| \cdot |\overline{AC_n}| \cdot \sin \sphericalangle BAC_n$

$\quad = \left(\frac{1}{2} \cdot 4 \cdot \dfrac{2\sqrt{3}}{\sin(\alpha + 60°)} \cdot \sin \alpha \right)$ cm^2

$\quad = \left(\dfrac{4\sqrt{3} \sin \alpha}{\sin(\alpha + 60°)} \right)$ cm^2

Skalarprodukt und seine Anwendungen

21

1. $\begin{pmatrix} 3 \\ 4 \end{pmatrix} \odot \begin{pmatrix} -5 \\ 2 \end{pmatrix} = 3 \cdot (-5) + 4 \cdot 2 = -15 + 8 = -7$

2. a) $\vec{v} = \begin{pmatrix} -6 \\ 3 \end{pmatrix}; \quad \vec{w} = \begin{pmatrix} -2 \\ -4 \end{pmatrix}$

$-6 \cdot x + 3 \cdot (-4) = 0$
$-6x = 12$
$x = -2$

b) $\vec{v} = \begin{pmatrix} \sqrt{3} \\ 0{,}2 \end{pmatrix}; \quad \vec{w} = \begin{pmatrix} \sqrt{12} \\ -30 \end{pmatrix}$

$\sqrt{3} \cdot \sqrt{12} + x \cdot (-30) = 0$
$6 = 30x \quad |:30$
$0{,}2 = x$

3. a)

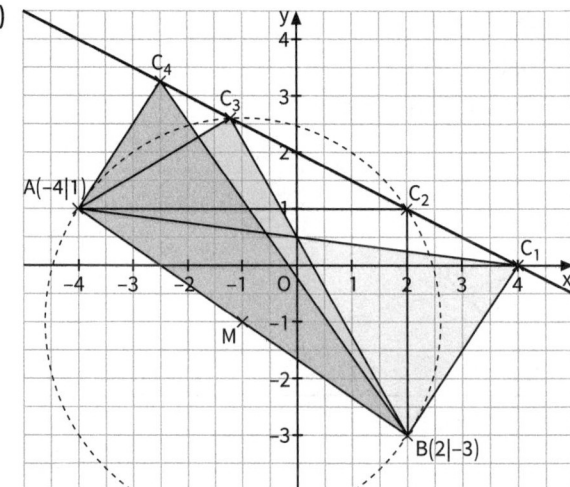

b) $\overrightarrow{AC_n} = \begin{pmatrix} x & - & (-4) \\ -0{,}5x + 2 & - & 1 \end{pmatrix} = \begin{pmatrix} x + 4 \\ -0{,}5x + 1 \end{pmatrix}$

$\overrightarrow{BC_n} = \begin{pmatrix} x & - & 2 \\ -0{,}5x + 2 & - & (-3) \end{pmatrix} = \begin{pmatrix} x - 2 \\ -0{,}5x + 5 \end{pmatrix}$

c) $\overrightarrow{AC_n} \odot \overrightarrow{BC_n} = (x + 4)(x - 2) + (-0{,}5x + 1)(-0{,}5x + 5)$
$= x^2 - 2x + 4x - 8 + 0{,}25x^2 - 2{,}5x - 0{,}5x + 5$
$= 1{,}25x^2 - x - 3$

$1{,}25x^2 - x - 3 = 0$

$x_{2,3} = \dfrac{-(-1) \pm \sqrt{(-1)^2 - 4 \cdot 1{,}25 \cdot (-3)}}{2 \cdot 1{,}25} = \dfrac{1 \pm 4}{2{,}5}$

$x_2 = 2$ $\qquad\qquad x_3 = -1{,}2$
$y_2 = -0{,}5 \cdot 2 + 2 = 1$ $\qquad y_3 = -0{,}5 \cdot (-1{,}2) + 2 = 2{,}6$
$C_2(2|1)$ $\qquad\qquad\qquad C_3(-1{,}2|2{,}6)$

22

4. F ist der Fußunkt des Lots von P auf g. Da der Punkt F auf der Geraden g liegt, hat er die Koordinaten $F(x|-0{,}5x + 4)$.

Damit folgt $\overrightarrow{PF} = \begin{pmatrix} x & - & 3 \\ -0{,}5x + 4 & - & (-4) \end{pmatrix} = \begin{pmatrix} x - 3 \\ -0{,}5x + 8 \end{pmatrix}$

Die Gerade g hat die Steigung $m = -\frac{1}{2}$. Damit kann ihre Steigung mit dem

Vektor $\vec{v} = \begin{pmatrix} 2 \\ -1 \end{pmatrix}$ oder $\begin{pmatrix} -2 \\ 1 \end{pmatrix}$ beschrieben werden.

Es gilt $\overrightarrow{PF} \odot \vec{v} = 0$, also $-2x + 6 - 0{,}5x + 8 = 0$
$14 = 2{,}5x$
$5{,}6 = x$

Es folgt $\overrightarrow{PF} = \begin{pmatrix} 5{,}6 - 3 \\ -0{,}5 \cdot 5{,}6 + 8 \end{pmatrix} = \begin{pmatrix} 2{,}6 \\ 5{,}2 \end{pmatrix}$

$|\overrightarrow{PF}| = \sqrt{(2{,}6)^2 + (5{,}2)^2}$ LE $\approx 5{,}81$ LE $\qquad$ bzw. $\qquad d(P; g) \approx 5{,}81$ LE

22

5. $\cos \alpha = \dfrac{4 \cdot (-3) + 5 \cdot 9}{\sqrt{4^2 + 5^2} \cdot \sqrt{(-3)^2 + 9^2}} = 0{,}543...$; $\alpha = 57{,}1°$

6.

$$\cos 60° = \dfrac{3 \cdot 6 + 4 \cdot y}{\sqrt{3^2 + 4^2} \cdot \sqrt{6^2 + y^2}}$$

$$0{,}5 = \dfrac{18 + 4y}{5 \cdot \sqrt{36 + y^2}} \qquad | \cdot 5\sqrt{36 + y^2}$$

$$2{,}5\sqrt{36 + y^2} = 18 + 4y \qquad | : 2{,}5$$

$$\sqrt{36 + y^2} = 7{,}2 + 1{,}6y \qquad |^2$$

$$36 + y^2 = 51{,}84 + 23{,}04y + 2{,}56y^2 \qquad | -36 \quad | - y^2$$

$$0 = 1{,}56y^2 + 23{,}04y + 15{,}84$$

$y_1 = -0{,}72$; ($y_2 = -14{,}05$; *Ausschluss durch Probe*)

23

7. (1)

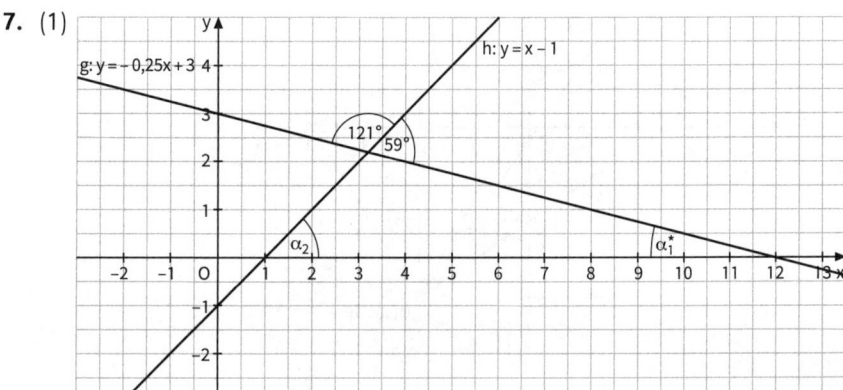

(2) $m_g = -0{,}25 = -\dfrac{1}{4} \quad \Rightarrow \quad \vec{g} = \begin{pmatrix} -4 \\ 1 \end{pmatrix} \left[\text{oder} \begin{pmatrix} 4 \\ -1 \end{pmatrix}\right]$

$m_h = 1 = \dfrac{1}{1} \qquad \Rightarrow \quad \vec{h} = \begin{pmatrix} 1 \\ 1 \end{pmatrix}$

$\cos \alpha = \dfrac{-4 \cdot 1 + 1 \cdot 1}{\sqrt{(-4)^2 + 1^2} \cdot \sqrt{1^2 + 1^2}} = -0{,}514...$

$\alpha \approx 120{,}96°$ ($\alpha_2 \approx 239{,}04°$); $\beta \approx 180° - 120{,}96° \approx 59{,}04°$

(3) $m_g = -0{,}25 \qquad \tan \alpha_1 = -0{,}25 \qquad \alpha_1 \approx -14{,}04°$; $\alpha_1^* \approx 14{,}04°$

$m_h = 1 \qquad \tan \alpha_2 = 1 \qquad \alpha_2 = 45°$

$\alpha = \alpha_1 + \alpha_2 \approx 59{,}04°$; $\beta \approx 180° - 59{,}04° \approx 120{,}96°$

8. $m_a = -0{,}75 = -\dfrac{3}{4} \quad \Rightarrow \quad \vec{a} = \begin{pmatrix} -4 \\ 3 \end{pmatrix} \quad \left[\text{oder} \begin{pmatrix} 4 \\ -3 \end{pmatrix}\right]$

$m_b = \dfrac{m_b}{1} \qquad\qquad \Rightarrow \quad \vec{b} = \begin{pmatrix} 1 \\ m_b \end{pmatrix}$

$$\cos 60° = \dfrac{-4 \cdot 1 + 3 \cdot m_b}{\sqrt{(-4)^2 + 3^2} \cdot \sqrt{1^2 + m_b^2}}$$

$$0{,}5 = \dfrac{-4 + 3m_b}{5\sqrt{1 + m_b^2}} \qquad | \cdot 5\sqrt{1 + m_b^2}$$

$$2{,}5\sqrt{1 + m_b^2} = -4 + 3m_b \qquad | : 2{,}5$$

$$\sqrt{1 + m_b^2} = -1{,}6 + 1{,}2m_b \qquad |^2$$

$$1 + m_b^2 = 1{,}44m_b^2 - 3{,}84m_b + 2{,}56 \qquad | -1 \quad | - m_b^2$$

$$0 = 0{,}44m_b^2 - 3{,}84\,m_b + 1{,}56$$

$m_{b_1} = 8{,}30 \qquad\qquad m_{b_2} = 0{,}43$

$b_1: y = 8{,}30x + 3 \qquad b_2: y = 0{,}43x + 3$

Wenn man vom Punkt (0|3) ausgeht, muss es zwei Geraden geben, die die Gerade a mit 60° schneiden.

2. Abbildungen im Koordinatensystem

Abbildung durch Parallelverschiebung

24

1. a) $\overrightarrow{OP'} = \overrightarrow{OP} \oplus \vec{v} = \begin{pmatrix} 1 \\ -4 \end{pmatrix} \oplus \begin{pmatrix} 2 \\ 7 \end{pmatrix} = \begin{pmatrix} 1+2 \\ -4+7 \end{pmatrix} = \begin{pmatrix} 3 \\ 3 \end{pmatrix} \quad \Rightarrow \quad P'(3|3)$

b) $\overrightarrow{OQ'} = \overrightarrow{OQ} \oplus \vec{v} = \begin{pmatrix} -3,5 \\ 8 \end{pmatrix} \oplus \begin{pmatrix} 8,5 \\ -12 \end{pmatrix} = \begin{pmatrix} -3,5+8,5 \\ 8-12 \end{pmatrix} = \begin{pmatrix} 5 \\ -4 \end{pmatrix} \quad \Rightarrow \quad Q'(5|-4)$

2. a) (I) $x_P + (-1) = 9 \qquad |+1$ (II) $\qquad 4+3 = y_{P'}$
$ \quad x_P = 10 \qquad\qquad\qquad\qquad\qquad\qquad\qquad 7 = y_{P'}$

b) (I) $\quad -3 + x_V = 6 \qquad |+3$ (II) $\quad y_R + 5 = -1 \qquad |-5$
$ \qquad x_V = 9 \qquad\qquad\qquad\qquad\qquad\qquad y_R = -6$

c) (I) $\quad x_T + 3 = -10 \qquad |-3$ (II) $y_T + (-7) = 5 \qquad |+7$
$ \qquad x_T = -13 \qquad\qquad\qquad\qquad\qquad y_T = 12$

25

3. a)

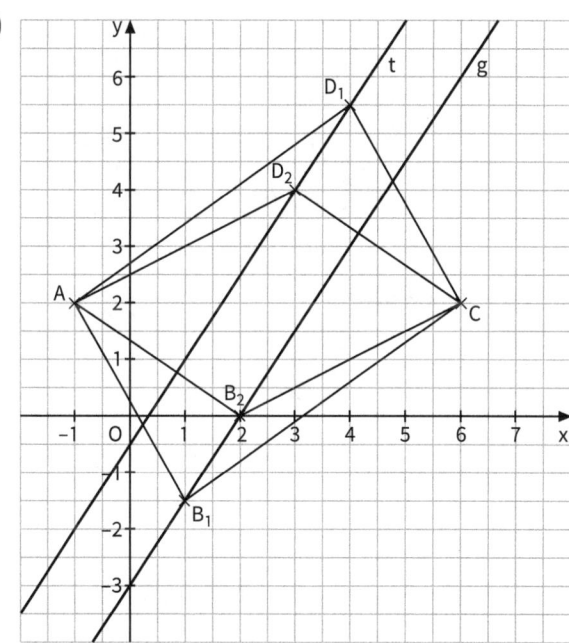

b) $\overrightarrow{OD_n} = \overrightarrow{OC} \oplus \overrightarrow{CD_n} = \overrightarrow{OC} \oplus \overrightarrow{B_nA} = \begin{pmatrix} 6 \\ 2 \end{pmatrix} \oplus \begin{pmatrix} -1-x \\ -1,5x+5 \end{pmatrix} = \begin{pmatrix} -x+5 \\ -1,5x+7 \end{pmatrix} \quad \Rightarrow \quad D_n(-x+5|-1,5x+7)$

c) (I) $\qquad x' = -x+5$ (II) $y' = -1,5x+7$
$ \quad -x'+5 = x$

(I) in (II): $y' = -1,5(-x'+5)+7$
$ \quad y' = 1,5x'-0,5$ $t: y = 1,5x - 0,5$

Abbildung durch zentrische Streckung

26

1. a) $\overrightarrow{ZP} = \begin{pmatrix} 3-1 \\ 5-1 \end{pmatrix} = \begin{pmatrix} 2 \\ 4 \end{pmatrix}$

$\overrightarrow{OP'} = \overrightarrow{OZ} \oplus \overrightarrow{ZP'} = \overrightarrow{OZ} \oplus k \cdot \overrightarrow{ZP} = \begin{pmatrix} 1 \\ 1 \end{pmatrix} \oplus 2,5 \cdot \begin{pmatrix} 2 \\ 4 \end{pmatrix} = \begin{pmatrix} 1+5 \\ 1+10 \end{pmatrix} = \begin{pmatrix} 6 \\ 11 \end{pmatrix}$

$\Rightarrow \quad P'(6|11)$

b) $\overrightarrow{ZP} = \begin{pmatrix} -4,5 \\ 11 \end{pmatrix}; \quad \overrightarrow{OP'} = \begin{pmatrix} 2,5 \\ -4 \end{pmatrix} \oplus (-1,5) \cdot \begin{pmatrix} -4,5 \\ 11 \end{pmatrix} = \begin{pmatrix} 9,25 \\ -20,5 \end{pmatrix} \quad \Rightarrow \quad P'(9,25|-20,5)$

26

2. $\overrightarrow{ZA} = \begin{pmatrix} x_A - 3 \\ 4 - 5 \end{pmatrix} = \begin{pmatrix} x_A - 3 \\ -1 \end{pmatrix}$

$\begin{pmatrix} 9 \\ 7 \end{pmatrix} = \begin{pmatrix} 3 \\ 5 \end{pmatrix} \oplus k \cdot \begin{pmatrix} x_A - 3 \\ -1 \end{pmatrix}$

(I) $9 = 3 + k \cdot (x_A - 3)$

(II) $\quad 7 = 5 + k \cdot (-1)$
$\qquad -2 = k$

(II) in (I): $9 = 3 + (-2) \cdot (x_A - 3)$
$\qquad\quad 0 = x_A$

27

3. a)
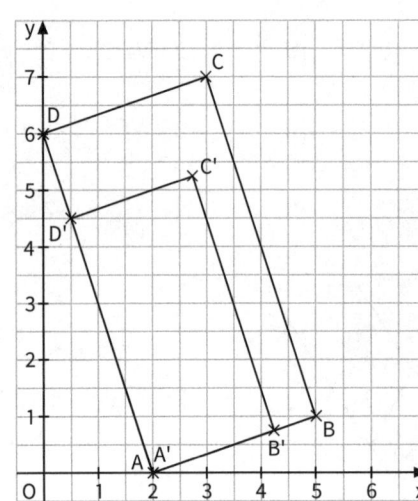

D (0|6)
A'(2|0)
B'(4,25|0,75)
C'(2,75|5,25)
D'(0,5|4,5)

b) $\overrightarrow{OB'} = \begin{pmatrix} 2 \\ 0 \end{pmatrix} \oplus 0,75 \cdot \begin{pmatrix} 3 \\ 1 \end{pmatrix} = \begin{pmatrix} 4,25 \\ 0,75 \end{pmatrix}$

$\Rightarrow$ B'(4,25|0,75)

$\overrightarrow{OC'} = \begin{pmatrix} 2 \\ 0 \end{pmatrix} \oplus 0,75 \cdot \begin{pmatrix} 1 \\ 7 \end{pmatrix} = \begin{pmatrix} 2,75 \\ 5,25 \end{pmatrix}$

$\Rightarrow$ C'(2,75|5,25)

c) $\overrightarrow{AB} = \begin{pmatrix} 3 \\ 1 \end{pmatrix}$ und $\overrightarrow{AD} = \begin{pmatrix} -2 \\ 6 \end{pmatrix}$

$A = \begin{vmatrix} 3 & -2 \\ 1 & 6 \end{vmatrix}$ FE = 20 FE; A' = $k^2 \cdot$ 20 FE

$= 11,25$ FE

Multiplikation einer Matrix mit einem Vektor

28

1. a) $\begin{pmatrix} 3,5 & -2 \\ -5 & 7 \end{pmatrix} \odot \begin{pmatrix} 1,5 \\ -4 \end{pmatrix} = \begin{pmatrix} 3,5 \cdot 1,5 + (-2) \cdot (-4) \\ -5 \cdot 1,5 + 7 \cdot (-4) \end{pmatrix} = \begin{pmatrix} 13,25 \\ -35,5 \end{pmatrix}$

b) $\begin{pmatrix} 8 \cdot x + (-0,5) \cdot y \\ 3 \cdot x + 4 \cdot y \end{pmatrix} = \begin{pmatrix} 8x - 0,5y \\ 3x + 4y \end{pmatrix}$

c) $\begin{pmatrix} \sin\alpha \cdot \sin\beta + \cos\alpha \cdot \cos\beta \\ \cos\alpha \cdot \sin\beta + (-\sin\alpha) \cdot \cos\beta \end{pmatrix} = \begin{pmatrix} \cos(\alpha - \beta) \\ \sin(\alpha - \beta) \end{pmatrix}$

2. a) (I) $x \cdot 3 + 5 \cdot 1 = 11$
$\qquad\qquad x = 2$

(II) $1 \cdot 3 + y \cdot 1 = 3$
$\qquad\qquad y = 0$

b) (I) $6 \cdot x + 8 \cdot 8 = 4$
$\qquad\qquad x = -10$

(II) $-5 \cdot (-10) + (-3) \cdot 8 = y$
$\qquad\qquad 26 = y$

c) $\begin{pmatrix} x_1 & x_2 \\ y_1 & y_2 \end{pmatrix} \odot \begin{pmatrix} a \\ b \end{pmatrix} = \begin{pmatrix} x_1 \cdot a + x_2 \cdot b \\ y_1 \cdot a + y_2 \cdot b \end{pmatrix} = \begin{pmatrix} a^2 \\ -b \end{pmatrix}$ $\Rightarrow$ $\begin{array}{l} x_1 = a; x_2 = 0 \\ y_1 = 0; y_2 = -1 \end{array}$, also $\begin{pmatrix} a & 0 \\ 0 & -1 \end{pmatrix}$

Achsenspiegelung an Ursprungsgeraden

29

1. a) $m = 0,6 = \tan\varphi$, also $\varphi = 30,96°$

$\overrightarrow{OP'} = \begin{pmatrix} \cos(2 \cdot 30,96°) & \sin(2 \cdot 30,96°) \\ \sin(2 \cdot 30,96°) & -\cos(2 \cdot 30,96°) \end{pmatrix} \odot \overrightarrow{OP} = \begin{pmatrix} 0,47 & 0,88 \\ 0,88 & -0,47 \end{pmatrix} \odot \begin{pmatrix} 5 \\ 1,5 \end{pmatrix}$

$= \begin{pmatrix} 0,47 \cdot 5 + 0,88 \cdot 1,5 \\ 0,88 \cdot 5 + (-0,47) \cdot 1,5 \end{pmatrix} = \begin{pmatrix} 3,67 \\ 3,70 \end{pmatrix}$ $\Rightarrow$ P'(3,67|3,70)

b) $\varphi = 123,69°$

$\overrightarrow{OP'} = \begin{pmatrix} -0,38 & -0,92 \\ -0,92 & 0,38 \end{pmatrix} \odot \begin{pmatrix} -3 \\ 6 \end{pmatrix} = \begin{pmatrix} -4,38 \\ 5,04 \end{pmatrix}$ $\Rightarrow$ P'(-4,38|5,04)

29

2. a) $M_{\overline{PP'}}\left(\frac{-2+3,5}{2}\bigg|\frac{4+(-2,7)}{2}\right) = (0,75|0,65)$

$m_{OM} = \frac{0,65}{0,75} = 0,87$

s: $y = 0,87x$

b) $M_{\overline{QQ'}}\left(\frac{3+0,9}{2}\bigg|\frac{1,5+3,2}{2}\right) = (1,95|2,35)$

$m_{OM} = \frac{2,35}{1,95} = 1,21$

s: $y = 1,21x$

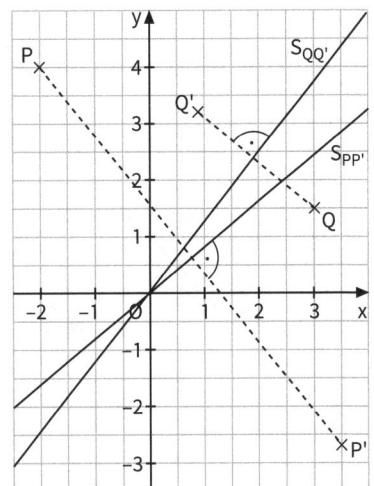

30

3. a) $2\cdot\varphi = 50°$, also $\varphi = 25°$
$m = \tan 25° = 0,47$
s: $y = 0,47x$

b) $\varphi = 62,5°$
$m = \tan 62,5° = 1,92$
s: $y = 1,92x$

c) $\cos 2\cdot\varphi = 0,34$ $|\cos^{-1}$
$2\cdot\varphi_1 = 70,1°$ $2\cdot\varphi_2 = 289,88°$
$\varphi_1 = 35,05°$ $\varphi_2 = 144,94°$

$\sin 2\cdot\varphi = 0,94$ $|\sin^{-1}$

$2\cdot\varphi_3 = 70,1°$ $2\cdot\varphi_4 = 109,95°$
$\varphi_3 = 35,05°$ $\varphi_4 = 54,98°$

$\Rightarrow \varphi = 35,05°$ s: $y = 0,70x$

d) $\cos 2\cdot\varphi = \frac{1}{2}\sqrt{2}$ $|\cos^{-1}$
$\varphi_1 = 22,5°$ $\varphi_2 = 157,5°$

$\sin 2\cdot\varphi = \frac{1}{2}\sqrt{2}$ $|\sin^{-1}$
$\varphi_3 = 22,5°$ $\varphi_4 = 67,5°$

$\Rightarrow \varphi = 22,5°$ s: $y = 0,41x$

4.

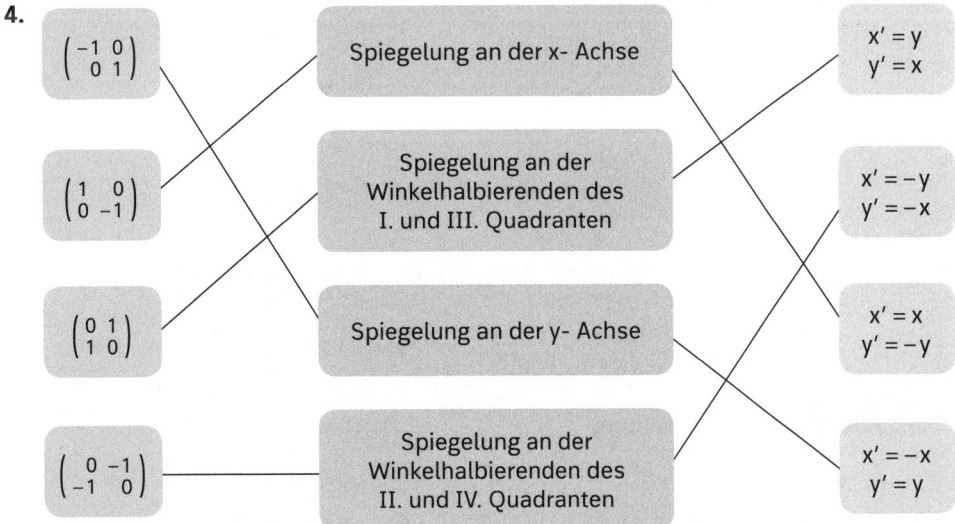

31   **5.**

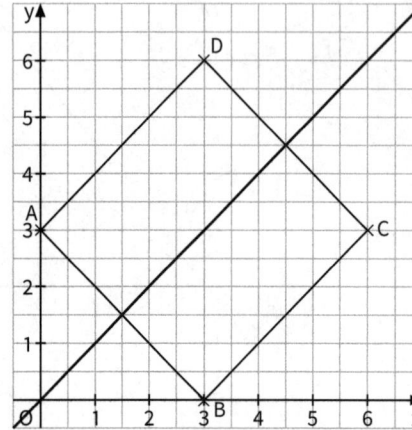

Sonderfall: Spiegelachse ist die Winkelhalbierende des I. und III. Quadranten

$\Rightarrow$ (I) $x' = y$ $\qquad$ (II) $y' = x$

B: (I) $x' = y_A = 3$ $\qquad$ (II) $y' = x_A = 0$ B(3|0)

D: (I) $x' = y_C = 3$ $\qquad$ (II) $y' = x_A = 6$ B(3|6)

6.

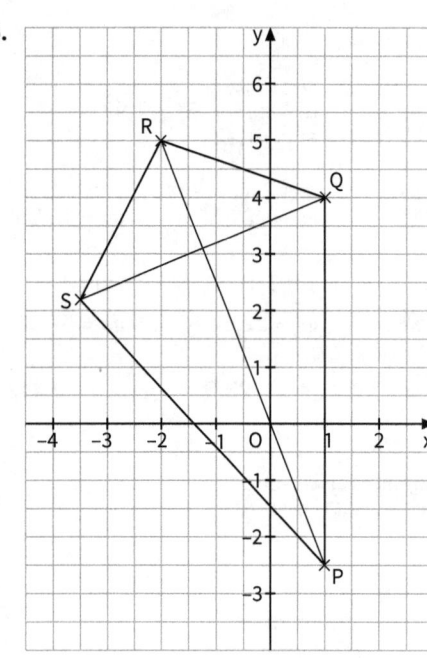

Gerade PR: $y = -2{,}5x$
Die Symmetrieachse PR ist eine Ursprungsgerade.

$$m_{PR} = \frac{5 - (-2{,}5)}{-2 - 1} = -2{,}5$$

$$\tan \varphi = -2{,}5$$

$$\varphi' = -68{,}20$$

$$\varphi = 111{,}80°$$

$$\overrightarrow{OS} = \begin{pmatrix} \cos(2 \cdot 111{,}80°) & \sin(2 \cdot 111{,}80°) \\ \sin(2 \cdot 111{,}80°) & -\cos(2 \cdot 111{,}80°) \end{pmatrix} \odot \overrightarrow{OQ} = \begin{pmatrix} -0{,}72 & -0{,}69 \\ -0{,}69 & 0{,}72 \end{pmatrix} \odot \begin{pmatrix} 1 \\ 4 \end{pmatrix}$$

$$= \begin{pmatrix} -0{,}72 \cdot 1 + (-0{,}69) \cdot 4 \\ -0{,}69 \cdot 1 + 0{,}72 \cdot 4 \end{pmatrix} = \begin{pmatrix} -3{,}48 \\ 2{,}19 \end{pmatrix} \Rightarrow S(-3{,}48|2{,}19)$$

Abbildung durch Drehung

32   **1. a)** $\overrightarrow{ZP} = \begin{pmatrix} 5{,}5 - 1 \\ 3 - 2 \end{pmatrix} = \begin{pmatrix} 4{,}5 \\ 1 \end{pmatrix}$

$$\overrightarrow{OP'} = \begin{pmatrix} \cos 60° & -\sin 60° \\ \sin 60° & \cos 60° \end{pmatrix} \odot \overrightarrow{ZP} \oplus \overrightarrow{OZ} = \begin{pmatrix} 0{,}5 & -0{,}87 \\ 0{,}87 & 0{,}5 \end{pmatrix} \odot \begin{pmatrix} 4{,}5 \\ 1 \end{pmatrix} \oplus \begin{pmatrix} 1 \\ 2 \end{pmatrix}$$

$$= \begin{pmatrix} 0{,}5 \cdot 4{,}5 + (-0{,}87) \cdot 1 \\ 0{,}87 \cdot 4{,}5 + 0{,}5 \cdot 1 \end{pmatrix} \oplus \begin{pmatrix} 1 \\ 2 \end{pmatrix} = \begin{pmatrix} 1{,}38 \\ 4{,}42 \end{pmatrix} \oplus \begin{pmatrix} 1 \\ 2 \end{pmatrix} = \begin{pmatrix} 2{,}38 \\ 6{,}42 \end{pmatrix} \Rightarrow P'(2{,}38|6{,}42)$$

b) $\overrightarrow{OP'} = \begin{pmatrix} -0{,}71 & -0{,}71 \\ 0{,}71 & -0{,}71 \end{pmatrix} \odot \begin{pmatrix} 1 \\ -8 \end{pmatrix} \oplus \begin{pmatrix} -3 \\ 1 \end{pmatrix} = \begin{pmatrix} 1{,}97 \\ 7{,}39 \end{pmatrix} \Rightarrow P'(1{,}97|7{,}39)$

32

2. $\begin{pmatrix} x_{R'} \\ 5{,}25 \end{pmatrix} = \begin{pmatrix} 0{,}26 & -0{,}97 \\ 0{,}97 & 0{,}26 \end{pmatrix} \odot \begin{pmatrix} 4 \\ 2{,}5 - y_Z \end{pmatrix} \oplus \begin{pmatrix} 5 \\ y_Z \end{pmatrix}$

(I) $x_{R'} = 0{,}26 \cdot 4 + (-0{,}97) \cdot (2{,}5 - y_Z) + 5$

(II) $5{,}25 = 0{,}97 \cdot 4 + 0{,}26 \cdot (2{,}5 - y_Z) + y_Z$
$5{,}25 = 3{,}88 + 0{,}65 - 0{,}26 y_Z + y_Z$
$0{,}72 = 0{,}74\, y_Z$
$0{,}97 = y_Z$

(II) in (I) $x_{R'} = 0{,}26 \cdot 4 + (-0{,}97) \cdot (2{,}5 - 0{,}97) + 5$
$x_{R'} = 4{,}56$

33

3. a) $\overrightarrow{ZA} = \begin{pmatrix} 3 \\ 1 \end{pmatrix}$; $\overrightarrow{OZ} = \begin{pmatrix} 5 \\ -1 \end{pmatrix}$

(I) $6{,}7 = 3 \cdot \cos\varphi - 1 \cdot \sin\varphi + 5 \quad | -5$
$1{,}7 = 3 \cdot \cos\varphi - 1 \cdot \sin\varphi \quad | + \sin\varphi$
$1{,}7 + \sin\varphi = 3 \cdot \cos\varphi \quad | :3$
$0{,}57 + 0{,}33 \sin\varphi = \cos\varphi$

(II) $1{,}7 = 3 \cdot \sin\varphi + 1 \cdot \cos\varphi + (-1)$

(I) in (II) einsetzen: $1{,}7 = 3 \cdot \sin\varphi + 1 \cdot (0{,}57 + 0{,}33 \sin\varphi) + (-1)$
$2{,}7 = 3 \cdot \sin\varphi + 0{,}57 + 0{,}33 \sin\varphi$
$2{,}13 = 3{,}33 \cdot \sin\varphi$
$0{,}64 = \sin\varphi \quad | \sin^{-1}$

$\varphi_1 = 39{,}79°$ $\varphi_2 = 140{,}21°$ $\Rightarrow \varphi = 39{,}79°$

b) $\overrightarrow{ZB} = \begin{pmatrix} 2{,}8 \\ -1{,}4 \end{pmatrix}$; $\overrightarrow{OZ} = \begin{pmatrix} -2 \\ -1 \end{pmatrix}$

(I) $-3 = 2{,}8 \cdot \cos\varphi - (-1{,}4) \cdot \sin\varphi + (-2)$
$-0{,}36 - 0{,}5 \sin\varphi = \cos\varphi$

(II) $2 = 2{,}8 \cdot \sin\varphi + (-1{,}4) \cdot \cos\varphi + (-1)$

(I) in (II) einsetzen: $2 = 2{,}8 \cdot \sin\varphi + (-1{,}4) \cdot (-0{,}36 - 0{,}5 \sin\varphi) + (-1)$
$0{,}71 = \sin\varphi$

$\varphi_1 = 45{,}23°$ $\varphi_2 = 134{,}77°$ $\Rightarrow \varphi = 134{,}77°$

34

4.

34

5. a)

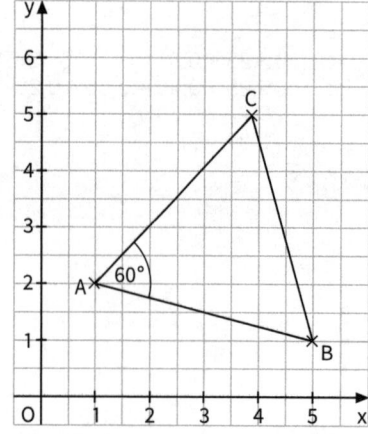

Drehung von B um A mit $\varphi = 60°$.

$$\overrightarrow{OC} = \begin{pmatrix} \cos\varphi & -\sin\varphi \\ \sin\varphi & \cos\varphi \end{pmatrix} \odot \overrightarrow{AB} \oplus \overrightarrow{OA}$$

$$\overrightarrow{OC} = \begin{pmatrix} 0,5 & -0,87 \\ 0,87 & 0,5 \end{pmatrix} \odot \begin{pmatrix} 4 \\ -1 \end{pmatrix} \oplus \begin{pmatrix} 1 \\ 2 \end{pmatrix} = \begin{pmatrix} 3,87 \\ 4,98 \end{pmatrix}$$

$\Rightarrow C\,(3,87\,|\,4,98)$

b) $\overrightarrow{AB} = \begin{pmatrix} 4 \\ -1 \end{pmatrix}$ und $\overrightarrow{AC} = \begin{pmatrix} 2,87 \\ 2,98 \end{pmatrix}$, also $A = 0,5 \cdot \left| \begin{matrix} 4 & 2,87 \\ -1 & 2,98 \end{matrix} \right|$ FE $= 7,40$ FE

Verknüpfung von Abbildungen

35

1.

Parallelverschiebung

$$\begin{pmatrix} x' \\ y' \end{pmatrix} = \begin{pmatrix} x \\ y \end{pmatrix} \oplus \begin{pmatrix} x_v \\ y_v \end{pmatrix}$$

Drehung um den Ursprung

$P\,(x|y) \xrightarrow{\;O(0|0);\,\varphi\;} P'\,(x'|y')$

$$\begin{pmatrix} x' \\ y' \end{pmatrix} = \begin{pmatrix} \cos 2\varphi & \sin 2\varphi \\ \sin 2\varphi & -\cos 2\varphi \end{pmatrix} \odot \begin{pmatrix} x \\ y \end{pmatrix}$$

$$\begin{pmatrix} x' \\ y' \end{pmatrix} = k \cdot \begin{pmatrix} x \\ y \end{pmatrix}$$

Zentrische Streckung am Ursprung

$P\,(x|y) \xrightarrow{\;y = m\cdot x\;} P'\,(x'|y')$

$P\,(x|y) \xrightarrow{\;Z(0|0);\,k\;} P'\,(x'|y')$

$P\,(x|y) \xrightarrow{\;\vec{v} = \begin{pmatrix} x_v \\ y_v \end{pmatrix}\;} P'\,(x'|y')$

$$\begin{pmatrix} x' \\ y' \end{pmatrix} = \begin{pmatrix} \cos\varphi & -\sin\varphi \\ \sin\varphi & \cos\varphi \end{pmatrix} \odot \begin{pmatrix} x \\ y \end{pmatrix}$$

Achsenspiegelung an Ursprungsgeraden

2. (1) zentrische Streckung und Parallelverschiebung
(2) zentrische Streckung und Achsenspiegelung oder zentrische Streckung und Drehung oder zentrische Streckung, Drehung und Parallelverschiebung
(3) zentrische Streckung und Achsenspiegelung oder Drehung, Parallelverschiebung und zentrische Streckung

3. (1) Wahr, die Reihenfolge der beiden Abbildungen spielt keine Rolle.
(2) Falsch, zwei Achsenspiegelungen können nur dann durch eine Parallelverschiebung ersetzt werden, wenn die Spiegelachsen parallel zueinander sind.
(3) Wahr, die Achsenspiegelung ändert als einzige uns bis jetzt bekannte Abbildung den Umlaufsinn einer Figur.

36

4. a)

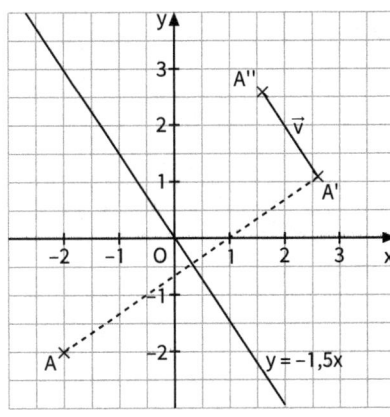

Achsenspiegelung: m = −1,5 ⇒ φ = 123,69°

$$\overrightarrow{OA'} = \begin{pmatrix} -0,38 & -0,92 \\ -0,92 & 0,38 \end{pmatrix} \odot \begin{pmatrix} -2 \\ -2 \end{pmatrix} = \begin{pmatrix} 2,60 \\ 1,08 \end{pmatrix}$$

Parallelverschiebung:

$$\overrightarrow{OA''} = \begin{pmatrix} 2,60 \\ 1,08 \end{pmatrix} \oplus \begin{pmatrix} -1 \\ 1,5 \end{pmatrix} = \begin{pmatrix} 1,60 \\ 2,58 \end{pmatrix} \Rightarrow A''(1,60|2,58)$$

b) Drehung:

$$\overrightarrow{OB'} = \begin{pmatrix} -0,17 & -0,98 \\ 0,98 & -0,17 \end{pmatrix} \odot \begin{pmatrix} 4 \\ -4 \end{pmatrix} = \begin{pmatrix} 3,24 \\ 4,60 \end{pmatrix}$$

Zentrische Streckung:

$$\overrightarrow{OB''} = 0,75 \cdot \begin{pmatrix} 3,24 \\ 4,60 \end{pmatrix} \oplus \begin{pmatrix} 0 \\ 1 \end{pmatrix} = \begin{pmatrix} 2,43 \\ 4,45 \end{pmatrix} \Rightarrow B''(2,43|4,45)$$

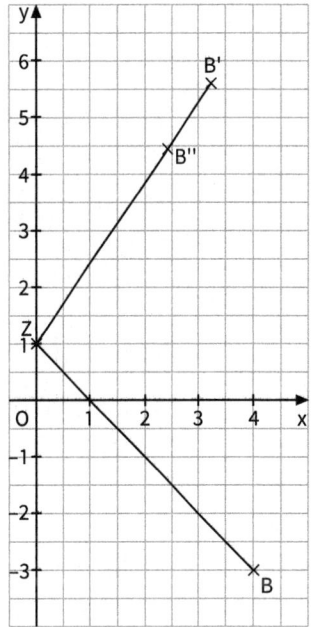

37

5. a)

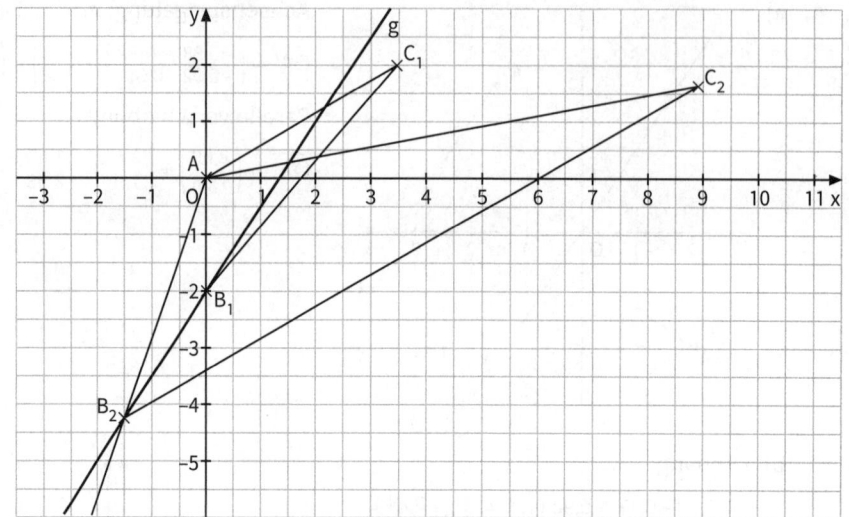

b) Drehung der Punkte B_n um 120° (Zentrum A) und dann zentrische Streckung der Strecken $\overline{AB'_n}$ mit dem Faktor 2 (Zentrum A).

c) $\overrightarrow{OB'_n} = \begin{pmatrix} -0,5 & -0,87 \\ 0,87 & -0,5 \end{pmatrix} \odot \begin{pmatrix} x \\ 1,5x-2 \end{pmatrix} = \begin{pmatrix} -0,5 \cdot x + (-0,87) \cdot (1,5x-2) \\ 0,87 \cdot x + (-0,5) \cdot (1,5x-2) \end{pmatrix} = \begin{pmatrix} -1,81x+1,74 \\ 0,12x+1 \end{pmatrix}$

$\overrightarrow{OC_n} = 2 \cdot \begin{pmatrix} -1,81x+1,74 \\ 0,12x+1 \end{pmatrix} = \begin{pmatrix} -3,62x+3,48 \\ 0,24x+2 \end{pmatrix} \quad \Rightarrow \quad C_n(-3,62x+3,48 \mid 0,24x+2)$

Abbilden von Funktionsgraphen

38

1. a) $P \in g$: $P(x \mid 3x-2)$

$\overrightarrow{ZP} = \begin{pmatrix} x-1 \\ 3x-2-(-3) \end{pmatrix} = \begin{pmatrix} x-1 \\ 3x+1 \end{pmatrix} \qquad \overrightarrow{OZ} = \begin{pmatrix} 1 \\ -3 \end{pmatrix}$

$\begin{pmatrix} x' \\ y' \end{pmatrix} = \overrightarrow{OZ} \oplus k \cdot \overrightarrow{ZP} = \begin{pmatrix} 1 \\ -3 \end{pmatrix} \oplus 2,5 \cdot \begin{pmatrix} x-1 \\ 3x+1 \end{pmatrix} = \begin{pmatrix} 1+2,5x-2,5 \\ -3+7,5x+2,5 \end{pmatrix} = \begin{pmatrix} 2,5x-1,5 \\ 7,5x-0,5 \end{pmatrix}$

(I) $\qquad x' = 2,5x - 1,5 \qquad | +1,5$ $\qquad\qquad\qquad\qquad$ (II) $y' = 7,5x - 0,5$
$\qquad x' + 1,5 = 2,5x \qquad | :2,5$
$\qquad 0,4x' + 0,6 = x$

(I) in (II) einsetzen: $\quad y' = 7,5 \cdot (0,4x' + 0,6) - 0,5$
ausmultiplizieren: $\quad y' = 3x' + 4,5 - 0,5$
zusammenfassen: $\quad y' = 3x' + 4$

Funktionsgleichung der Bildgeraden g': $y = 3x + 4$

b) $\begin{pmatrix} x' \\ y' \end{pmatrix} = \begin{pmatrix} x \\ x^2+5x-3,5 \end{pmatrix} \oplus \begin{pmatrix} -1 \\ 7 \end{pmatrix} = \begin{pmatrix} x-1 \\ x^2+5x+3,5 \end{pmatrix}$

(I) $\quad x' = x - 1$ $\qquad\qquad\qquad\qquad$ (II) $y' = x^2 + 5x + 3,5$
$\quad x' + 1 = x$

(I) in (II): $y' = (x'+1)^2 + 5(x'+1) + 3,5$
$\qquad\qquad y' = x'^2 + 2x' + 1 + 5x' + 5 + 3,5$
$\qquad\qquad y' = x'^2 + 7x' + 9,5$

h': $y = x^2 + 7x + 9,5$

3. Potenzen und Potenzfunktionen

Potenzen – Grundlagen

39

1. *Lösungswort:* EXPONENTEN

2. a) a^2 **b)** a^{k-2} **c)** $a^0 = 1$ **d)** $a^{-1} = \frac{1}{a}$ **e)** $(a+b)^8$ **f)** $(a-b)^{2+h}$

3. $\dfrac{5{,}1 \cdot 10^8 \text{ km}}{1\,000 \text{ km/h}} = 510\,000 \text{ h} = 21\,250 \text{ Tage} \approx 58{,}2 \text{ Jahre}$

Potenzfunktionen der Form $y = x^n$ mit $n \in \mathbb{N}$

40

1. a)

x	$y = x^1$	$y = x^2$	$y = x^3$
−3	−3	9	−27
−2,5	−2,5	6,25	−15,625
−2	−2	4	−8
−1,5	−1,5	2,25	−3,375
−1	−1	1	−1
−0,5	−0,5	0,25	−0,125
0	0	0	0
0,5	0,5	0,25	0,125
1	1	1	1
1,5	1,5	2,25	3,375
2	2	4	8
2,5	2,5	6,25	15,625
3	3	9	27

b)

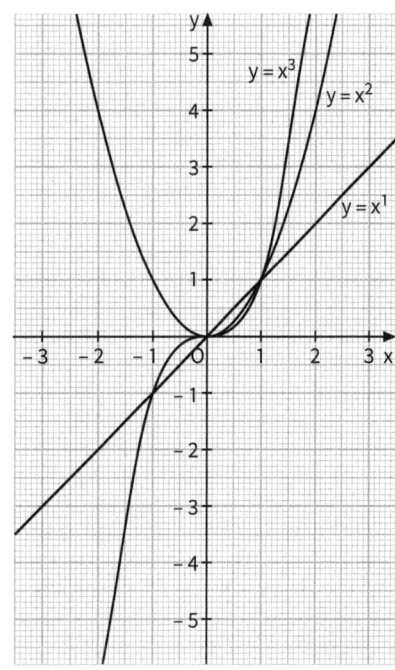

2. a)

x	x^3
1,3	2,197
1,9	6,859
−1,3	−2,197
−1,9	−6,859

b)

x	x^2
0,8	0,64
1,4	1,96
−0,8	0,64
−1,4	1,96

c)

x	x^1
1,2	1,2
2,3	2,3
−1,2	−1,2
−2,3	−2,3

3. a) $y = x^1$ $P_1\,(-2|-2)$ $P_2\,(2|2)$ $P_3\,(2{,}5|2{,}5)$ $P_4\,(6|6)$

b) $y = x^2$ $P_1\,(-2|4)$ $P_2\,(-3|9)$ $P_3\,(+\sqrt{5}|5)$ $P_4\,(-1{,}2|1{,}44)$

c) $y = x^3$ $P_1\,(-2|-8)$ $P_2\,(5|125)$ $P_3\,(-4|-64)$ $P_4\,(6|216)$

4. a) $P_1;\ P_2;\ P_4$ **b)** $P_3;\ P_4$

Potenzfunktionen der Form $y = x^{-n}$ mit $n \in \mathbb{N}$

41

1. a)

x	−3	−2	−1,5	−1	−0,5	−0,25	0	0,25	0,5	1	1,5	2	3
$y = x^{-1}$	$-\frac{1}{3}$	$-\frac{1}{2}$	$-\frac{2}{3}$	−1	−2	−4	n.d.	4	2	1	$\frac{2}{3}$	$\frac{1}{2}$	$\frac{1}{3}$
$y = x^{-2}$	$\frac{1}{9}$	$\frac{1}{4}$	$\frac{4}{9}$	1	4	16	n.d.	16	4	1	$\frac{4}{9}$	$\frac{1}{4}$	$\frac{1}{9}$

b)

2. a) $y = x^{-1}$ $P_1 (-2|-0,5)$ $P_2 (0,5|2)$ $P_3 (-2,5|-0,4)$ $P_4 (8|0,125)$

b) $y = x^{-2}$ $P_1 (-2|0,25)$ $P_2 (-0,5|4)$ $P_3 (-0,4|6,25)$ $P_4 \left(6|\frac{1}{36}\right)$

3. a) $P_1; P_4$ **b)** P_1

4.

Funktion	$y = x^{-1}$	$y = x^{-2}$
Definitionsbereich	$\mathbb{R} \setminus \{0\}$	$\mathbb{R} \setminus \{0\}$
Wertebereich	$\mathbb{R} \setminus \{0\}$	$y > 0$ bzw. $\mathbb{R}^+$
Steigen/Fallen	fallend	$x < 0$ steigend; $x > 0$ fallend
Nullstellen	keine	keine
markante Punkte	(1|1) (−1|−1)	(−1|1) (1|1)

5.

T (in s)	2	1,4	0,2	0,04	0,00005
f (in Hz)	0,5	0,7	5	25	20 000

Potenzfunktionen der Form $y = x^{\frac{1}{n}}$ und $y = x^{-\frac{1}{n}}$ mit $n \in \mathbb{N}$

42

1. a)

x	−3	−1,5	0	0,5	1	2	3
$y = x^{\frac{4}{5}}$	n. def.	n. def.	0	0,57	1,00	1,74	2,41
$y = x^{-\frac{4}{5}}$	n. def.	n. def.	n. def.	1,74	1,00	0,57	0,42
$y = x^{1,5}$	n. def.	n. def.	0	0,35	1,00	2,83	5,20
$y = x^{-1,5}$	n. def.	n. def.	n. def.	2,83	1,00	0,35	0,19

b)

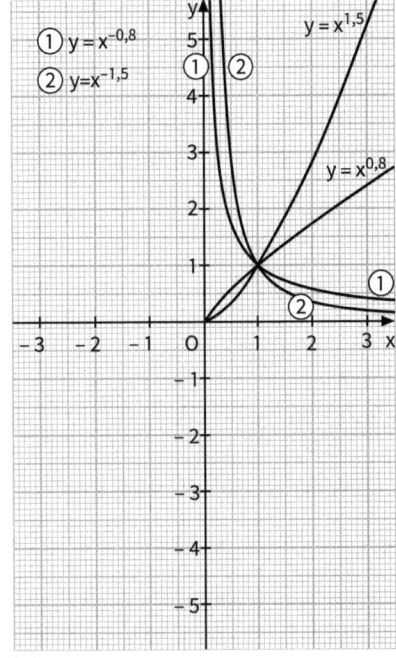

c) Keine definierten Werte, der Radikand bei einer Wurzel kann nie negativ sein.

2. a)
$c(x) = x^{-2,4}$ $b(x) = x^{0,5}$
$a(x) = x^{-0,5}$ $e(x) = x^{1,2}$
$f(x) = x^{0}$ $d(x) = x^{2,4}$

b) $P(4|0,5) \in a$
z. B. $Q(7|1) \in f$
$R(9|3) \in b$
$S(3,5|4,5) \in e$
$T(1,5|2,65) \in d$
$U(0,5|5,28) \in c$
$V(0,11|3,02) \in a$
$W(1|1)$ liegt auf allen Funktionsgraphen.

Allgemeine Potenzfunktion

43

1.

	Änderung	Graph
A	Verschiebung in x-Richtung um 1,5 Einheiten	f_3
B	Verschiebung in y-Richtung um 3 Einheiten	f_2
C	Spiegelung an der x-Achse	f_5
D	Streckung um den Faktor 2 in y-Richtung	f_1
E	Stauchung in y-Richtung mit dem Faktor 0,5	f_4

$f: y = x^{-3}$

$f_1: y = 2x^{-3}$

$f_2: y = x^{-3} + 3$

$f_3: y = (x - 1,5)^{-3}$

$f_4: y = 0,5x^{-3}$

$f_5: y = -x^{-3}$

43

2. a) $D = \mathbb{R} \setminus \{0\}$; $W = \mathbb{R} \setminus \{2\}$;
Asymptoten: $y = 2$; $x = 0$

b) f^{-1}: $x = y^{-5} + 2$
f^{-1}: $y = (x - 2)^{-0,2}$

c) $\begin{pmatrix} x' \\ y' \end{pmatrix} = \begin{pmatrix} x \\ x^{-5} + 2 \end{pmatrix} \oplus \begin{pmatrix} 3 \\ -1,5 \end{pmatrix}$
f': $y = (x - 3)^{-5} + 0,5$

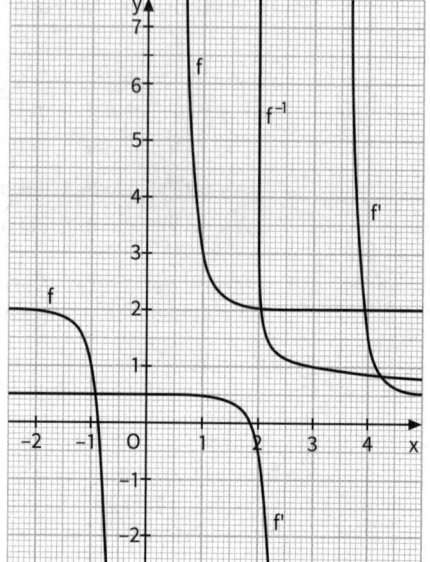

44

3. a) $D = \mathbb{R}$; $W = [-3; \infty[$

b)

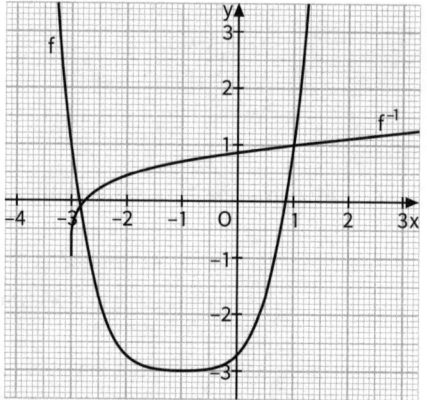

c)
$$x = 0,25(y + 1)^4 - 3 \quad | + 3$$
$$x + 3 = 0,25(y + 1)^4 \quad | : 0,25$$
$$4x + 12 = (y + 1)^4 \quad | \, 0,25$$
$$(4x + 12)^{0,25} = y + 1 \quad | - 1$$
$$(4x + 12)^{0,25} - 1 = y$$
$$f^{-1}(x) = (4x + 12)^{0,25} - 1$$
$$D = [-3; \infty[\qquad W = [-1; \infty[$$

d) $\vec{v_1} = \begin{pmatrix} -1 \\ 0,8 \end{pmatrix}$; $\vec{v_2} = \begin{pmatrix} 4,5 \\ 7 \end{pmatrix}$; $\vec{v_3} = \begin{pmatrix} -0,5 \\ 1 \end{pmatrix}$

4. a)
$$y = a \cdot (x + 3)^{-1} + 2$$
$$1,5 = a \cdot (-4,5 + 3)^{-1} + 2$$
$$1,5 = a \cdot \left(-\frac{2}{3}\right) + 2 \qquad | - 2$$
$$-0,5 = a \cdot \left(-\frac{2}{3}\right) \qquad | : \left(-\frac{2}{3}\right)$$
$$0,75 = a$$
$$h: y = 0,75 \, (x + 3)^{-1} + 2$$

b)

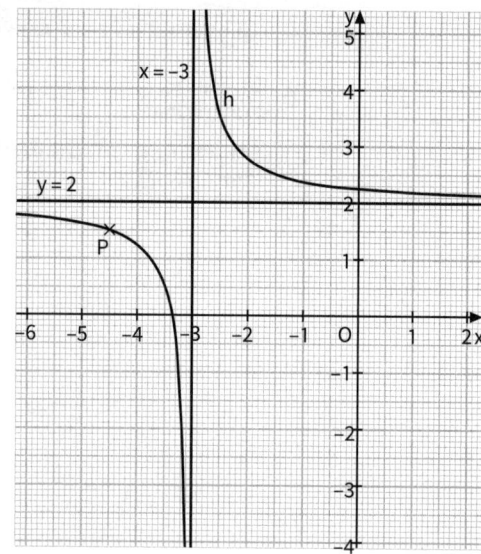

Vermischte Übungen

45

1.

A – B	C – J	E – D	G – F
$D_A = \mathbb{R}_0^+$; $D_B = \mathbb{R}$	$D_C = \mathbb{R} \setminus \{0\}$; $D_J = \,]-2; \infty[$	$D_E = \mathbb{R} \setminus \{0\}$; $D_D = \,]3; \infty[$	$D_G = [-1; \infty[$; $D_F = \mathbb{R}$
$W_A = \mathbb{R}_0^+$; $W_B = \mathbb{R}$	$W_C = \mathbb{R} \setminus \{-2\}$; $W_J = \mathbb{R}^+$	$W_E = \,]3; \infty[$; $W_D = \mathbb{R}^+$	$W_G = \mathbb{R}_0^+$; $W_F = [-1; \infty[$

I – H
$D_I = \mathbb{R}$; $D_H = [-1; \infty[$
$W_I = [-1; \infty[$; $W_H = [2; \infty[$

2. a)

x	0	0,5	1	1,5	2	2,5	3
$y = x^{-\frac{1}{5}}$	n. def.	1,15	1,00	0,92	0,87	0,83	0,80

x	0	0,5	1	1,5	2	2,5	3
$y = x^{1,8}$	0,00	0,29	1,00	2,07	3,48	5,20	7,22

b) f_1^{-1}: $x = y^{-\frac{1}{5}}$

   f_1^{-1}: $y = x^{-5}$

   f_2^{-1}: $x = y^{1,8}$

   f_2^{-1}: $y = x^{\frac{5}{9}}$

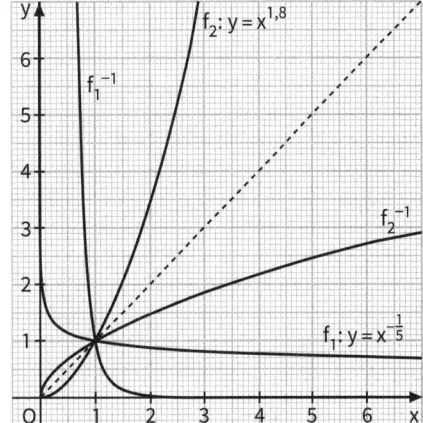

46

3. a) $y = x^{-3} + 2$
   $D = \mathbb{R} \setminus \{0\}$ $W = \mathbb{R} \setminus \{2\}$

   $\qquad x = y^{-3} + 2 \qquad\qquad |-2$

   $\quad x - 2 = y^{-3} \qquad\qquad\quad |^{-\frac{1}{3}}$

   $(x - 2)^{-\frac{1}{3}} = y$

   $f^{-1}(x) = (x - 2)^{-\frac{1}{3}}$
   $D = \mathbb{R} \setminus \{2\}$ $W = \mathbb{R} \setminus \{0\}$

   b) $y = (x + 1)^{0,4}$
   $D = [-1; \infty[$ $W = \mathbb{R}_0^+$

   $\qquad x = (y + 1)^{0,4} \qquad\qquad |^{2,5}$

   $x^{2,5} = y + 1 \qquad\qquad\quad |-1$

   $x^{2,5} - 1 = y$

   $f^{-1}(x) = x^{2,5} - 1$
   $D = \mathbb{R}_0^+$ $W = [-1; \infty[$

4. $(1) \rightarrow (C)$; $(2) \rightarrow (B)$; $(3) \rightarrow (E)$; $(4) \rightarrow (D)$; $(5) \rightarrow (A)$; $(6) \rightarrow (F)$

5.

Behauptung	richtig	falsch
(1) Der Graph jeder Potenzfunktion geht durch den Punkt P(1|1).	☒	☐
(2) Jede Potenzfunktion, deren Exponent gerade und ganzzahlig ist, hat einen Graphen, der symmetrisch zur y-Achse ist.	☒	☐
(3) Jede Potenzfunktion, die einen ungeraden ganzzahligen Exponenten hat, hat zwei Nullstellen.	☐	☒
(4) Wenn die Potenzfunktionen $y = x^2$ und $y = x^4$ die Punkte (0|0), (−1|1) und (1|1) gemeinsam haben, schneiden sich die Graphen der Funktionen dreimal.	☐	☒
(5) Alle Potenzfunktionen mit negativem ganzzahligem Exponenten haben einen achsensymmetrischen Graphen.	☐	☒

Richtigstellung: (3) Nein, nur eine Nullstelle, wenn der Exponent positiv ist, sonst keine Nullstelle.

(4) Nein, der Punkt (0\|0) ist eher ein Berührpunkt.

(5) Nein, nur wenn die Exponenten gerade sind.

4. Exponential- und Logarithmusfunktionen

Lineares und exponentielles Wachstum

47

1. a)

	Kontostände	
	Angebot A	Angebot B
17. Geburtstag	200	3,00
1. Monat	210	4,50
2. Monat	220	6,75
3. Monat	230	10,13
4. Monat	240	15,19
5. Monat	250	22,78
6. Monat	260	34,17
7. Monat	270	51,26
8. Monat	280	76,89
9. Monat	290	115,33
10. Monat	300	173,00
11. Monat	310	259,49
18. Geburtstag	320	389,24

Angebot A:
Anfangswert: 200 €
monatliche Zunahme
um 10 €

Angebot B:
Anfangswert: 3 €
monatliche Zunahme
um das 1,5-Fache

b) Angebot A: 440 €;   Angebot B: 50 502,34 €

48

c)

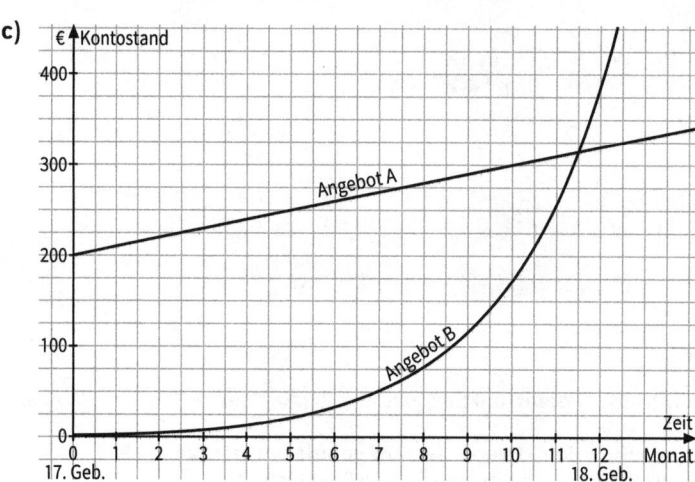

d) Angebot A: $y = 200 + 10x$ (lineares Wachstum)
Angebot B: $y = 3 \cdot 1{,}5^x$ (exponentielles Wachstum)

2. a)

Zeit	10:00 Uhr	11:00 Uhr	12:00 Uhr	13:00 Uhr	14:00 Uhr	15:00 Uhr
Anzahl der Bakterien	100	140	196	274	384	538

b) $y = 100 \cdot 1{,}4^x$

c) (1) Die Bakterienkultur hat sich zwischen 16:00 und 17:00 Uhr verzehnfacht.
(2) Vor ca. 2 h, also ca. 8:00 Uhr, waren es nur 50 Bakterien.

Lineare und exponentielle Abnahme

49   **1. a)** (1)

Alter der Maschine (in Jahren)	0	1	2	3	4	6	8
Wert der Maschine (in €)	82 000	73 800	65 600	57 400	49 200	32 800	16 400

− 8 200

(2)

Alter der Maschine (in Jahren)	0	1	2	3	4	6	8
Wert der Maschine (in €)	82 000	65 600	52 480	41 984	33 587	21 496	13 757

· 0,8   · 0,8

b)

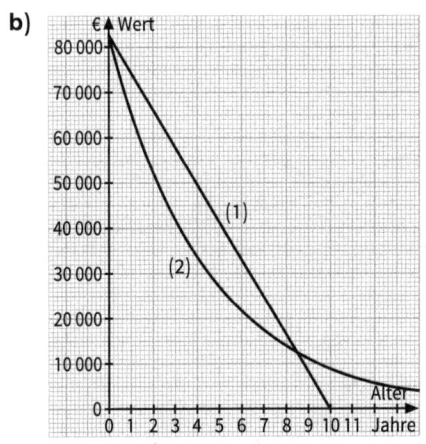

c)

	Modell (1)	Modell (2)
Wann hat sich der Wert der Maschine halbiert?	nach 5 Jahren	nach ca. 3 Jahren
Wann liegt der Wert der Maschine bei 0 €?	nach 10 Jahren	nie (aber nach 20 Jahren ist der Wert unter 1 000 €)

d) Die Steigung bleibt gleich bei Graph (1).
Der Wert ist nach ungefähr 8,5 Jahren gleich.
Graph (2) fällt zunächst schneller als Graph (1).
Beide Graphen starten bei 82 000 €.

Exponentialfunktionen der Formen $y = a^x$ **und** $y = k \cdot a^x$

50

1. a)

x	−7	−6	−5	−4	−3	−2	−1	0	1	2	3	4	5	6
$y = 1{,}4^x$	0,09	0,13	0,19	0,26	0,36	0,51	0,71	1	1,4	1,96	2,74	3,84	5,38	7,53
$y = 0{,}7^x$	12,14	8,50	5,95	4,16	2,92	2,04	1,43	1	0,7	0,49	0,34	0,24	0,17	0,12

b) markanter Punkt: (0|1)

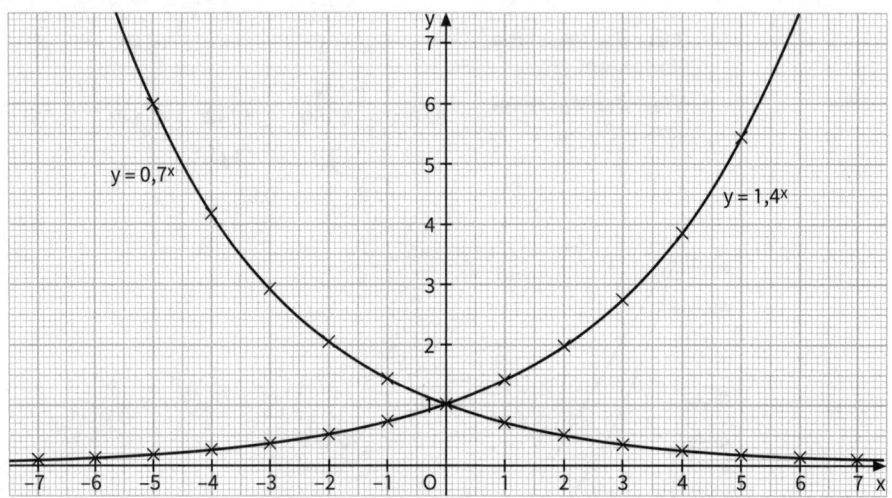

2. a)

x	−7	−6	−5	−4	−3	−2	−1	0	1	2	3	4	5	6
$y = 1{,}2^x$	0,28	0,33	0,40	0,48	0,58	0,69	0,83	1	1,2	1,44	1,73	2,07	2,49	2,99
$y = 0{,}5 \cdot 1{,}2^x$	0,14	0,17	0,20	0,24	0,29	0,35	0,42	0,5	0,6	0,72	0,86	1,04	1,24	1,49
$y = 2 \cdot 1{,}2^x$	0,56	0,67	0,80	0,96	1,16	1,39	1,67	2	2,4	2,88	3,46	4,15	4,98	5,97

b)

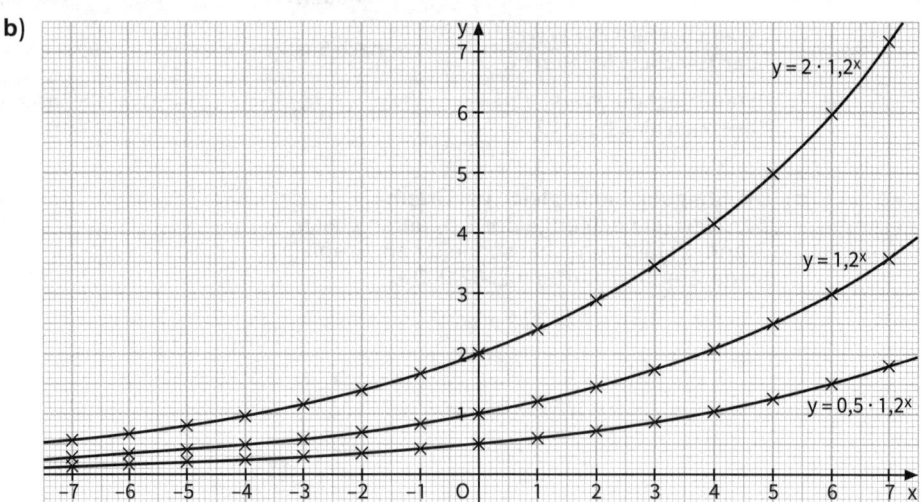

c) Faktor 0,5 bewirkt eine Stauchung.
Faktor 2 bewirkt eine Streckung.

Exponentialfunktionen der Form $y = k \cdot a^{x-b} + c$

51   1.

	Der Graph der Funktion		Definitions- und Wertemenge	Asymptote
	fällt	steigt		
f: $y = -1{,}5 \cdot 3^{x+2} + 7$	x		$D = \mathbb{R}$ $W = \{y \mid y < 7\}$	$y = 7$
g: $y = 7 \cdot 3^{x-4} - 2{,}5$		x	$D = \mathbb{R}$ $W = \{y \mid y > -2{,}5\}$	$y = -2{,}5$
h: $y = -3^{x+4{,}5} - 6$	x		$D = \mathbb{R}$ $W = \{y \mid y < -6\}$	$y = -6$

2. **a)** $\begin{pmatrix} x' \\ y' \end{pmatrix} = \begin{pmatrix} x \\ 0{,}75 \cdot 1{,}5^{x-3} - 6 \end{pmatrix} \oplus \begin{pmatrix} 2{,}5 \\ -4 \end{pmatrix}$

$x' = x + 2{,}5$ also gilt: $x = x' - 2{,}5$

$y' = 0{,}75 \cdot 1{,}5^{x-3} - 6 + (-4) = 0{,}75 \cdot 1{,}5^{x-3} - 10$

Einsetzen: $y' = 0{,}75 \cdot 1{,}5^{x'-2{,}5-3} - 10$

$\qquad\qquad = 0{,}75 \cdot 1{,}5^{x'-5{,}5} - 10$

$\quad$ f': $y = 0{,}75 \cdot 1{,}5^{x-5{,}5} - 10$

b) $\begin{pmatrix} x' \\ y' \end{pmatrix} = \begin{pmatrix} x \\ 0{,}5 \cdot 8^{x+2} - 3{,}5 \end{pmatrix} \oplus \begin{pmatrix} -3 \\ 4{,}5 \end{pmatrix}$

$x' = x - 3$ also gilt: $x = x' + 3$

$y' = 0{,}5 \cdot 8^{x+2} - 3{,}5 + 4{,}5 = 0{,}5 \cdot 8^{x+2} + 1$

$y' = 0{,}5 \cdot 8^{x'+3+2} + 1$

$\quad = 0{,}5 \cdot 8^{x'+5} + 1$

$\quad$ f': $y = 0{,}5 \cdot 8^{x+5} + 1$

c) $\begin{pmatrix} x' \\ y' \end{pmatrix} = \begin{pmatrix} x \\ 2 \cdot 3^{x-8} + 3 \end{pmatrix} \oplus \begin{pmatrix} 2{,}5 \\ -1 \end{pmatrix}$

$x' = x + 2{,}5$ also gilt: $x = x' - 2{,}5$

$y' = 2 \cdot 3^{x-8} + 3 + (-1) = 2 \cdot 3^{x-8} + 2$

$y' = 2 \cdot 3^{x'-2{,}5-8} + 2$

$\quad = 2 \cdot 3^{x'-10{,}5} + 2$

$\quad$ f': $y = 2 \cdot 3^{x-10{,}5} + 2$

Der Logarithmus einer Zahl zur Basis a – Logarithmengesetze

52   1. **a)** $3^x = 81$
$\log_3 81 = x$
$4 = x$

c) $2^{r-4} = 32$
$\log_2 32 = r - 4$
$5 = r - 4$
$9 = r$

e) $2^{3b-4} = 32$
$\log_2 32 = 3b - 4$
$5 = 3b - 4$
$9 = 3b$
$3 = b$

b) $0{,}5^z = 16$
$\log_{0{,}5} 16 = z$
$-4 = z$

d) $7{,}5^{3t} = 56{,}25$
$\log_{7{,}5} 56{,}25 = 3t$
$2 = 3t$
$\dfrac{2}{3} = t$

52

2. a) $\log_3 y = 4$
$3^4 = y$
$81 = y$

c) $\lg z = -2$
$10^{-2} = z$
$0{,}01 = z$

e) $\lg r = 6$
$10^6 = r$
$1\,000\,000 = r$

b) $\log_a 256 = 4$
$a^4 = 256$
$a = \sqrt[4]{256}$
$a = 4$

d) $\log_a 0{,}125 = 3$
$a^3 = 0{,}125$
$a = \sqrt[3]{0{,}125}$
$a = 0{,}5$

f) $\log_a 343 = 3$
$a^3 = 343$
$a = \sqrt[3]{343}$
$a = 7$

3. $\boxed{3\log_a 18 - 3\log_a 9} = 3\,\log_a \frac{18}{9} = \log_a 2^3 = \boxed{\log_a 8}$

$\boxed{\log_a x + \log_a z} = \boxed{\log_a xz}$

$\boxed{\frac{1}{3}\log_a x - \frac{1}{3}\log_a z} = \frac{1}{3}\log_a \frac{x}{z} = \log_a \left(\frac{x}{z}\right)^{\frac{1}{3}} = \boxed{\log_a \sqrt[3]{\frac{x}{z}}}$

$\boxed{\log_a x^{15} - \frac{\log_2 x^4}{\log_2 a}} = \log_a x^{15} - \log_a x^4 = \log_a \frac{x^{15}}{x^4} = \boxed{\log_a x^{11}}$

$\boxed{2\log_a x + 0{,}5\log_a y} = \log_a x^2 + \log_a y^{\frac{1}{2}} = \boxed{\log_a x^2 \sqrt{y}}$

Lösen von Exponentialgleichungen

53

1. a) $4^{2x+3} = 64^{x-2}$
$4^{2x+3} = (4^3)^{(x-2)}$
$4^{2x+3} = 4^{3 \cdot (x-2)}$
Exponentenvergleich:
$2x + 3 = 3 \cdot (x-2)$
$2x + 3 = 3x - 6$
$9 = x$

b) $9^{x-3} = 27^{x+7}$
$(3^2)^{x-3} = (3^3)^{x+7}$
$3^{2 \cdot (x-3)} = 3^{3 \cdot (x+7)}$
Exponentenvergleich:
$2 \cdot (x-3) = 3 \cdot (x+7)$
$2x - 6 = 3x + 21$
$-27 = x$

c) Wenn sich die Gleichung so umformen lässt, dass auf beiden Seiten nur Potenzen mit der gleichen Basis stehen.

2. a) $3^x = 2^{x+2}$
Logarithmieren beider Seiten (Basis 10):
$\lg 3^x = \lg 2^{x+2}$

Logarithmengesetze anwenden:
$x \cdot \lg 3 = (x+2) \cdot \lg 2$
$x \cdot \lg 3 = x \cdot \lg 2 + 2\,\lg 2$

Terme mit x auf eine Seite bringen:
$x \cdot \lg 3 - x \cdot \lg 2 = 2 \cdot \lg 2$
$x \cdot (\lg 3 - \lg 2) = 2 \cdot \lg 2$
$x = \dfrac{2 \cdot \lg 2}{\lg 3 - \lg 2}$
$x = 3{,}42$

b) $7^{x+2,5} = 2 \cdot 4^{x-1}$
Logarithmieren beider Seiten (Basis 10):
$\lg 7^{x+2,5} = \lg (2 \cdot 4^{x-1})$

Logarithmengesetze anwenden:
$(x+2{,}5) \cdot \lg 7 = \lg 2 + \lg 4^{x-1}$
$(x+2{,}5) \cdot \lg 7 = \lg 2 + (x-1) \cdot \lg 4$
$x \cdot \lg 7 + 2{,}5 \cdot \lg 7 = \lg 2 + x \cdot \lg 4 - \lg 4$

Terme mit x auf eine Seite bringen:
$x \cdot \lg 7 - x \lg 4 = \lg 2 - \lg 4 - 2{,}5 \cdot \lg 7$

$x \cdot (\lg 7 - \lg 4) = \lg 2 - \lg 4 - 2{,}5 \cdot \lg 7$
$x = \dfrac{\lg 2 - \lg 4 - 2{,}5 \cdot \lg 7}{\lg 7 - \lg 4}$
$x = -9{,}93$

53

2. Alternativer Lösungsweg:

a) $3^x = 2^{x+2}$
$3^x = 2^x \cdot 2^2 \quad | : 2^x$
$\left(\frac{3}{2}\right)^x = 4$
$x = \dfrac{\lg 4}{\lg \frac{3}{2}} = 3{,}42$

b) $7^{x+2,5} = 2 \cdot 4^{x-1}$
$7^x \cdot 7^{2,5} = 2 \cdot 4^x \cdot 4^{-1} \quad | : 4^x \quad | : 7^{2,5}$
$\left(\frac{7}{4}\right)^x = \dfrac{2 \cdot 4^{-1}}{7^{2,5}} = 0{,}00386$
$x = \dfrac{\lg 0{,}00386}{\lg \frac{7}{4}} = -9{,}93$

Logarithmusfunktionen der Formen $y = \log_a b$ und $y = k \cdot \log_a b$

54

1. a)

x	0	1	2	3	4	5	6	7	8	9	10	11	12	13
$y = \log_{\frac{1}{5}} x$	/	0	−0,43	−0,68	−0,86	−1	−1,11	−1,21	−1,29	−1,37	−1,43	−1,49	−1,54	−1,59
$y = \log_5 x$	/	0	0,43	0,68	0,86	1	1,11	1,21	1,29	1,37	1,43	1,49	1,54	1,59

b)

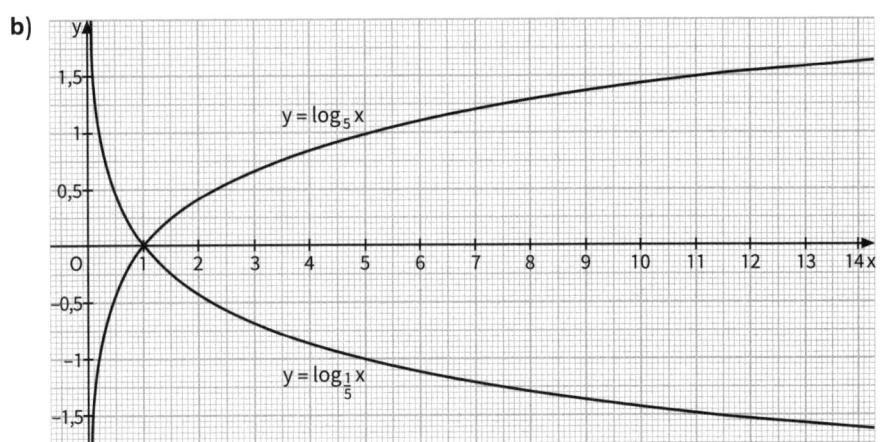

2. a)

x	0	1	2	3	4	5	6	7	8	9	10	11	12
$y = \log_2 x$	/	0	1	1,58	2	2,32	2,58	2,81	3	3,17	3,32	3,46	3,58
$y = 0{,}5 \cdot \log_2 x$	/	0	0,5	0,79	1	1,16	1,29	1,40	1,5	1,58	1,66	1,73	1,79
$y = 2 \cdot \log_2 x$	/	0	2	3,17	4	4,64	5,17	5,61	6	6,34	6,64	6,92	7,17

b)

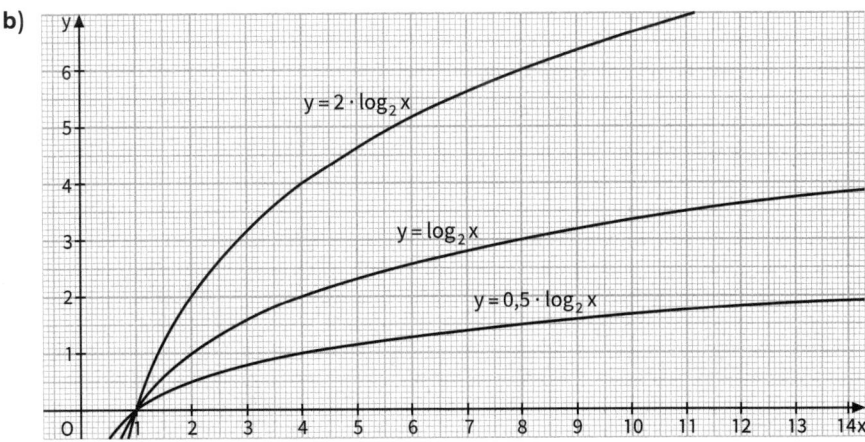

c) Faktor 0,5 bewirkt eine Stauchung.   Faktor 2 bewirkt eine Streckung.

Logarithmusfunktionen der Form $y = k \cdot \log_a(x - b) + c$

55

1.

	Der Graph der Funktion		Definitions- und Wertemenge	Asymptote
	fällt	steigt		
f: $y = \log_2(x + 3) + 1$		x	$D = \{x \mid x > -3\}$ $W = \mathbb{R}$	$x = -3$
g: $y = 2 \cdot \log_5(x - 6) + 4$		x	$D = \{x \mid x > 6\}$ $W = \mathbb{R}$	$x = 6$
h: $y = 0,5 \cdot \log_{0,5}(x + 9)$	x		$D = \{x \mid x > -9\}$ $W = \mathbb{R}$	$x = -9$

2. a) f: $y = 1,5 \cdot \log_3(x - 4) + 2$; $\vec{v} = \begin{pmatrix} 7 \\ -5 \end{pmatrix}$

$\begin{pmatrix} x' \\ y' \end{pmatrix} = \begin{pmatrix} x \\ 1,5 \cdot \log_3(x - 4) + 2 \end{pmatrix} \oplus \begin{pmatrix} 7 \\ -5 \end{pmatrix}$

$x' = x + 7$ also gilt: $x = x' - 7$

$y' = 1,5 \cdot \log_3(x - 4) + 2 + (-5) = 1,5 \cdot \log_3(x - 4) - 3$

Einsetzen: $y' = 1,5 \cdot \log_3(x' - 7 - 4) - 3$

$= 1,5 \cdot \log_3(x' - 11) - 3$

f': $y = 1,5 \cdot \log_3(x - 11) - 3$

b) f: $y = 0,4 \cdot \log_2(x + 1) - 3,5$; $\vec{v} = \begin{pmatrix} -3 \\ 5,5 \end{pmatrix}$

$\begin{pmatrix} x' \\ y' \end{pmatrix} = \begin{pmatrix} x \\ 0,4 \cdot \log_2(x + 1) - 3,5 \end{pmatrix} \oplus \begin{pmatrix} -3 \\ 5,5 \end{pmatrix}$

$x' = x - 3$ also gilt: $x = x' + 3$

$y' = 0,4 \cdot \log_2(x + 1) - 3,5 + 5,5 = 0,4 \cdot \log_2(x + 1) + 2$

Einsetzen: $y' = 0,4 \cdot \log_2(x' + 3 + 1) + 2$

$= 0,4 \cdot \log_2(x' + 4) + 2$

f': $y = 0,4 \cdot \log_2(x + 4) + 2$

c) f: $y = 2 \cdot \log_5(x - 2) + 3$; $\vec{v} = \begin{pmatrix} 4 \\ -2 \end{pmatrix}$

$\begin{pmatrix} x' \\ y' \end{pmatrix} = \begin{pmatrix} x \\ 2 \cdot \log_5(x - 2) + 3 \end{pmatrix} \oplus \begin{pmatrix} 4 \\ -2 \end{pmatrix}$

$x' = x + 4$ also gilt: $x = x' - 4$

$y' = 2 \cdot \log_5(x - 2) + 3 - 2 = 2 \cdot \log_5(x - 2) + 1$

Einsetzen: $y' = 2 \cdot \log_5(x' - 4 - 2) + 1$

$= 2 \cdot \log_5(x' - 6) + 1$

f': $y = 2 \cdot \log_5(x - 6) + 1$

5. Zufällige Ereignisse und ihre Wahrscheinlichkeiten

Zufallsexperimente und Wahrscheinlichkeiten – Grundlagen

56   **1. a)** (1) $P = \frac{1}{32}$ (2) $P = \frac{1}{4}$ (3) $P = \frac{1}{8}$ (4) $P = \frac{1}{8}$

b) (1) z. B. Lea zieht einen König oder Lea zieht eine Zehn oder …
(2) z. B. Lea zieht rot oder Lea zieht eine Zahl oder …

c) (1) $2:2\ (= 1:1)$ (3) $14:18\ (= 7:9)$
(2) $20:12\ (= 5:3)$ (4) $3:1$

2. a) rote Kugel: $\frac{1}{10} = 0{,}1 = 10\,\%$

blaue Kugel: $\frac{2}{10} = 0{,}2 = 20\,\%$

grüne Kugel: $\frac{3}{10} = 0{,}3 = 30\,\%$

gelbe Kugel: $\frac{4}{10} = 0{,}4 = 40\,\%$

b) $P(E_1) = 30\,\%$ $P(E_2) = 70\,\%$

c) z. B. Es wird keine gelbe Kugel gezogen.
Es wird eine gelbe oder eine blaue Kugel gezogen.

57   **3. a)** $P(\text{gelb}) = 15\,\%$
Winkel im Kreisdiagramm: rot 144°; grün 90°; blau 72°; gelb 54°

b) $P(\text{grün oder blau}) = \frac{45}{100} = \frac{9}{20} = 45\,\%$

c) $P(\text{zweimal rot}) = \frac{40}{100} \cdot \frac{40}{100} = \frac{4}{25} = 16\,\%$

4. a) Es wird eine gerade Zahl (keine ungerade Zahl) gewürfelt.

b) In einer Familie mit fünf Kindern gibt es höchstens zwei Mädchen
(mindestens drei Jungen).

c) Bei drei Schüssen auf das Tor werden höchstens zwei Treffer erzielt.

5. a) $\overline{A}$: Die Zahl ist eine gerade Zahl.   günstige Ergebnisse: 25

$P(A) = \frac{25}{49}$ $P(\overline{A}) = 1 - \frac{25}{49} = \frac{24}{49}$ mögliche Ergebnisse: 49

b) $\overline{B}$: Die Zahl ist kein Teiler von 48. $P(B) = \frac{10}{49}$ $P(\overline{B}) = 1 - \frac{10}{49} = \frac{39}{49}$

c) $\overline{C}$: Die Zahl ist einstellig oder durch $P(C) = \frac{30}{49}$ $P(\overline{C}) = 1 - \frac{30}{49} = \frac{19}{49}$
4 teilbar.

Mehrstufige Zufallsexperimente – Pfadregeln

58   **1. a)** $(R\,|\,R);\ (R\,|\,B);\ (R\,|\,G);\ (B\,|\,B);\ (B\,|\,R);\ (B\,|\,G);\ (G\,|\,G);\ (G\,|\,R);\ (G\,|\,B)$

b) Ja, denn alle Sektoren sind gleich groß und haben die gleiche Wahrscheinlichkeit
einzutreten.

c) $P(A) = \frac{3}{9} = \frac{1}{3};\ P(B) = \frac{4}{9};\ P(C) = \frac{4}{9}$

58   **2. a)**

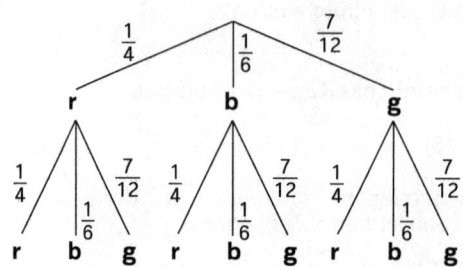

b) $P(A) = \frac{1}{4}\cdot\frac{1}{4} + \frac{1}{6}\cdot\frac{1}{6} + \frac{7}{12}\cdot\frac{7}{12} = \frac{31}{72}$

$P(B) = \frac{1}{4}\cdot\frac{1}{6} + \frac{1}{4}\cdot\frac{7}{12} + \frac{1}{6}\cdot\frac{1}{4} + \frac{7}{12}\cdot\frac{1}{4} = \frac{3}{8}$

$P(C) = \frac{1}{4}\cdot\frac{1}{4} + \frac{1}{4}\cdot\frac{1}{6} + \frac{1}{6}\cdot\frac{1}{4} + \frac{1}{6}\cdot\frac{1}{6} = \frac{25}{144}$

c) $P(\text{Blau}\,|\,\text{Rot}) = \frac{1}{6}\cdot\frac{1}{4} = \frac{1}{24}$

$1000\,€ - \frac{1}{24}\cdot 1\,000\cdot 20\,€ = 166{,}67\,€$

Der Veranstalter kann mit 166,67 € Gewinn rechnen.

59   **3. a)** (1)

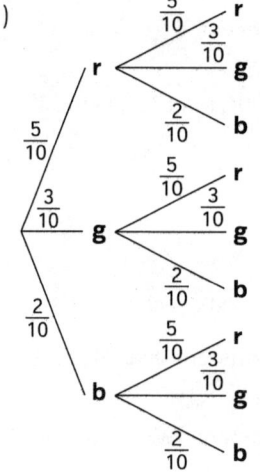

b) (1)

(2) $P(A) = 1 - P\,(\text{gleiche Farbe})$

$= 1 - \frac{5}{10}\cdot\frac{5}{10} - \frac{3}{10}\cdot\frac{3}{10} - \frac{2}{10}\cdot\frac{2}{10}$

$= \frac{31}{50}$

$P(B) = \frac{5}{10}\cdot\frac{3}{10} + \frac{5}{10}\cdot\frac{2}{10} + \frac{3}{10}\cdot\frac{5}{10} + \frac{2}{10}\cdot\frac{5}{10}$

$= \frac{1}{2}$

$P(C) = \frac{3}{10}\cdot\frac{3}{10} + \frac{3}{10}\cdot\frac{2}{10} + \frac{2}{10}\cdot\frac{3}{10} + \frac{2}{10}\cdot\frac{2}{10}$

$= \frac{1}{4}$

(2) $P(A) = 1 - \frac{5}{10}\cdot\frac{4}{9} - \frac{3}{10}\cdot\frac{2}{9} - \frac{2}{10}\cdot\frac{1}{9}$

$= \frac{31}{45}$

$P(B) = \frac{5}{10}\cdot\frac{3}{9} + \frac{5}{10}\cdot\frac{2}{9} + \frac{3}{10}\cdot\frac{5}{9} + \frac{2}{10}\cdot\frac{5}{9}$

$= \frac{5}{9}$

$P(C) = \frac{3}{10}\cdot\frac{2}{9} + \frac{3}{10}\cdot\frac{2}{9} + \frac{2}{10}\cdot\frac{3}{9} + \frac{2}{10}\cdot\frac{1}{9}$

$= \frac{2}{9}$

60   **4. a)** zwischen 20 € und 29,99 €

b)

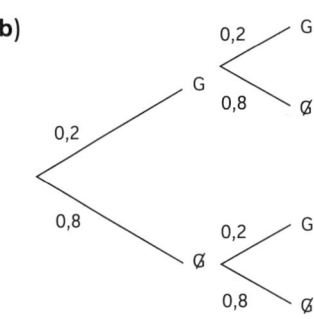

c) (1) $P = (0,8)^2 = 64\,\%$
    (2) $P = (0,2)^2 = 4\,\%$
    (3) $P = 2 \cdot 0,2 \cdot 0,8 = 32\,\%$

5. a)

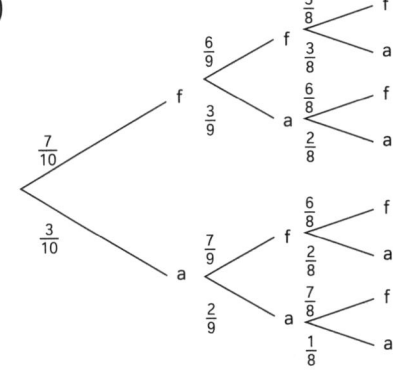

b) $P\,(f|f|f) = \dfrac{7}{10} \cdot \dfrac{6}{9} \cdot \dfrac{5}{8} = \dfrac{7}{24} \approx 29,2\,\%$

    $P\,(a|a|a) = \dfrac{3}{10} \cdot \dfrac{2}{9} \cdot \dfrac{1}{8} = \dfrac{1}{120} \approx 0,8\,\%$

Beilage zum Arbeitsheft Mathematik heute 10 I Bayern

westermann GRUPPE

© 2022 Westermann Bildungsmedien Verlag GmbH, Georg-Westermann-Allee 66, 38104 Braunschweig, www.westermann.de

Bildquellennachweis: |dreamstime.com, Brentwood: Satori13 48.1. |Druwe & Polastri, Cremlingen/ Weddel: 56.1. |Getty Images (RF), München: Stockbyte Titel. |Picture-Alliance GmbH, Frankfurt/M.: Zoonar.com/Sabljak, Dario 5.1.

Zeichnungen: Langner & Partner; Illustrationen: Carla Miller
Druck und Bindung: Westermann Druck GmbH, Georg-Westermann-Allee 66, 38104 Braunschweig

ISBN 978-3-507-81236-9

3. Aus dem Gefäß werden nacheinander zwei Kugeln gezogen.

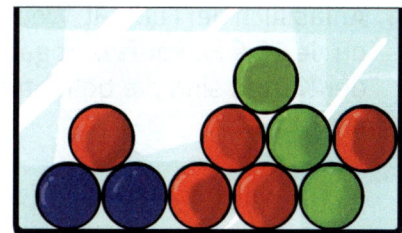

a) Die zuerst gezogene Kugel wird vor dem zweiten Zug wieder in das Gefäß zurückgelegt.

   (1) Vervollständige das Baumdiagramm und schreibe an die einzelnen Zweige die zugehörigen Wahrscheinlichkeiten.

   (2) Bestimme die Wahrscheinlichkeiten für folgende Ereignisse:

      A: Verschiedene Farben   P(A) = _____

      B: Genau einmal Rot   P(B) = _____

      C: Keinmal Rot   P(C) = _____

b) Nun wird die zuerst gezogene Kugel nicht wieder in das Gefäß zurückgelegt. Verfahre wie in Teilaufgabe a).

   (1)

   (2) P(A) = _____   P(B) = _____   P(C) = _____

4. Anlässlich der Fußball-Weltmeisterschaft gab es im Supermarkt eine Sammelkartenaktion. Je 10 € Einkaufswert gab es gratis eine Karte eines deutschen Nationalspielers. 20 % der Karten sind die beliebtesten, sie haben einen glitzernden Hintergrund. Jonas erhält zwei Karten.

a) Für welchen Betrag hat Jonas Vater eingekauft? _____

b) Zeichne zu diesem zweistufigen Zufallsexperiment ein Baumdiagramm und trage alle Wahrscheinlichkeiten ein.

c) Berechne die Wahrscheinlichkeit dafür, dass Jonas

(1) zwei Karten ohne „Glitzer" erhält,   P = _____

(2) zwei Karten mit „Glitzer" erhält,   P = _____

(3) genau eine glitzernde Karte erhält. P = _____

5. In einem Brötchenkorb bei Bäcker Listig liegen sieben frische und drei alte Brötchen. Bauer Schlau kommt in den Laden und kauft davon drei Brötchen.

a) Zeichne zu diesem Zufallsexperiment ein Baumdiagramm. Trage alle Wahrscheinlichkeiten ein.

b) Die Wahrscheinlichkeit dafür, dass Bauer Schlau drei frische Brötchen erhält, ist _____.

Die Wahrscheinlichkeit dafür, dass er die drei alten Brötchen erhält, ist _____.